基于云计算的地学数据集成与应用

何文娜　著

北京理工大学出版社
BEIJING INSTITUTE OF TECHNOLOGY PRESS

内容简介

为了解决地学领域多源、异构、分散、多维数据集成与应用问题，本著作系统深入地研究了采用云计算的 SOA 框架实现地学空间数据集成与地学应用集成等相关技术，设计了地学空间数据仓库、地学数据 ETL 工具、一体化存储的地学空间数据模型映射、多维地学空间数据立方体、服务模型映射、空间数据与属性数据有机集成框架，并实现了基于专家知识的岩性判别和蒸发岩沉积韵律旋回模式、基于服务的共享机制优化、地学空间数据分析等研究与研发工作。

图书在版编目（CIP）数据

基于云计算的地学数据集成与应用／何文娜著. —北京：北京理工大学出版社，2020.1

ISBN 978-7-5682-8140-9

Ⅰ. ①基…　Ⅱ. ①何…　Ⅲ. ①云计算-应用-地球科学-数据收集　Ⅳ. ①P-39

中国版本图书馆 CIP 数据核字（2020）第 012217 号

出版发行／北京理工大学出版社有限责任公司
社　　　址／北京市海淀区中关村南大街 5 号
邮　　　编／100081
电　　　话／（010）68914775（总编室）
　　　　　　（010）82562903（教材售后服务热线）
　　　　　　（010）68948351（其他图书服务热线）
网　　　址／http：//www. bitpress. com. cn
经　　　销／全国各地新华书店
印　　　刷／三河市华骏印务包装有限公司
开　　　本／710 毫米×1000 毫米　1/16
印　　　张／11. 25　　　　　　　　　　　　　　　　责任编辑／江　　立
字　　　数／264 千字　　　　　　　　　　　　　　　文案编辑／赵　轩
版　　　次／2020 年 1 月第 1 版　2020 年 1 月第 1 次印刷　　责任校对／刘亚男
定　　　价／56. 00 元　　　　　　　　　　　　　　　责任印制／李志强

前 言

Preface

我国地学领域通过数字地质调查、金土工程等多项工作，经过野外采集、室内整理与加工、研究与实验等多个环节，积累了海量的生产、科研和应用数据，这些地学数据具有多源、异构等特点，为地学数据的集成与应用带来诸多压力与不便。目前，虽然开展过大量相关的研究和科学实验，但依然缺少数据整理、加工、建模、集成、共享、应用、分析各环节的全面解决方案。

为此，本书全面分析了地学数据在集成、应用与分析中存在的各种制约因素与不足，研究了云计算核心的面向服务体系结构 SOA，设计了基于数据仓库与 SOA 的地学空间数据集成与应用框架。为管理好地学的空间数据、属性数据（结构化、非结构化形式），设计了标准地学数据仓库、地学空间数据仓库的构建方法与技术，针对文档、影像、矢量等非关系型数据设计了科学的数据模型与存取方法，并给出了模型映射、数据 ETL 等方案；归纳提出了基于 SOA 的地学应用集成框架（GS-SOA），以实现与位置、格式、来源等无关的地学数据集成，可通过服务形式实现各类属性数据、空间数据的有机融合。通过构建地学空间立方体、集成数据挖掘方法、研发软件模块与子系统等，实现地学数据的集成、共享、应用、分析与挖掘。基于 GIS 进行二次开发实现了地学空间数据服务的集成与共享，采用真实数据以我国石油、煤炭、蒸发岩等业务进行应用。经实践检验、分析，本书提出的方法有效、可行。

本书由何文娜综合归纳、撰写、统稿，并经过多次修改完成。

本书的出版得到了基于"互联网+"吉林省体育旅游信息平台运行模式研究（20190601057FG）、全国矿产地储备信息管理与智能服务系统建设（KD-［2019］-XZ-090）、特提斯构造域资源环境评价与预测大数据平台建设（［2019］-127）的联合资助。

在本书写作过程中，中国地质调查局发展研究中心谭永杰总工程师和李景朝教授、北京信息科技大学杨毅恒教授、中国地质科学院赵元艺研究员和刘成林研究员、中华人民共和国自然资源部油气资源战略研究中心张道勇研究员、自然资源部闫卫东研究员等给予了大力支持和帮助，在此一并致谢。

限于著者的时间和水平，书中可能存在不足或不准确之处，恳请读者提出宝贵意见，以便今后进一步修改和完善。

著　者

2019 年 4 月

目 录
Contents

第1章

绪　论

1.1　地学数据集成的研究背景

1.1.1　研究的目的与意义

自 1993 年美国地质调查（United States Geological Survey USGS）的网站正式投入运行以来，地质信息服务的发展十分迅速，服务的规模、效率和覆盖范围达到了传统信息服务无可比拟的水平，其正在从根本上改变人们获取信息与知识的方式和质量。地学发展的真正动力是发展与需求。数字化、信息化、网络化使地质工作方式发生了巨大的变化，让地质信息呈现出为公众、为社会服务的真正价值，更好地满足国家和社会的需求。

地质信息服务已经成为 21 世纪各国地质工作的战略重点，美国、澳大利亚、英国、法国、印度、日本等国家的地质调查机构将"提供地质信息服务"列入其战略计划或工作计划中，强调要利用网络和信息技术及时有效地为用户提供综合的、客观的地质信息服务。

自 1999 年实施国土资源大调查以来，我国投入巨资建设了全国性基础地质数据库，其种类总共高达 100 种以上，数据量达 PB 级。仅中国地质调查局各直属单位、地质调查承担单位、全国各省级国土资源厅、省地勘局、省地调院等机构、中国科学院所属研究所、国家 863 与 973 等科研项目、大专院校、矿业公司等提供了大量的数据库与数字图件（折合覆盖我国国土陆地面积近 20 次），各类数据总量接近

100 GB。目前，全国地质资料馆有超过 15 万种地质资料。

随着"数字地球""数字国土""数字地质调查"等战略与工程的实施，近些年来，由于全国性基础性地质数据库（地质图、地形图、地理物理（物探）、地理化学（化探），以及各种专题性的地学数据）逐步完成并提交，地质空间数据量正呈几何级的速度不断增长。地质资料测量与提交周期比较长，数据量大，覆盖面广，过程较为复杂，加上成本高，很多数据的采集很难在短期内重复进行，因此对已有地学数据的科学管理尤为重要。国际、国内能源需求量的紧张形势，促使政府加大对地学领域的投入，加强对矿产资源的深入研究，相继开展了对现有各类地学数据（地学数据包括地学空间数据、地学属性数据等）的综合处理和分析，进行模式识别，为找到新矿、好矿作铺垫。目前，要想在深层或浅层找新矿、找大矿、找好矿，就必须将已有的各类地学数据有机地集成起来，进行多学科交叉分析。

我国目前已建立的上百种地学数据库，由于种种原因，"一库一管"现象依然严重。虽然已经开展过 863 的 SIG、云计算等项目的研究，但目前这些数据库仍然是独立运行，呈现出典型的"信息孤岛"现象，没有很好地发挥应有的作用。若能将全国性（甚至全球性）的地质数据基于标准、有机地集成到一起，并通过一个公共接口（如通用门户）提供各种数据及应用共享访问，将会减少许多不必要的重复性工作（或项目），节省大量的国家资金，提高工作效率与精度，从而使地学领域不再停留在简单建库和维护数据库的层次上，而是在此基础上对数据进行深、高、精、细的处理及研究，进行更科学的综合分析、地学空间数据挖掘等更为有意义的精细化研究，让地学领域向有序化、标准化、进行可持续地发展，从而优化资源评价过程，缩短资源成果转化的周期，大幅度提高成果转化效益。

1.1.2 国外地学数据集成及应用研究

20 世纪 90 年代中后期，美国、澳大利亚、英国等发达国家开始在地学数据管理及信息服务方面投入大量的人力、物力、财力。到目前为止，这些发达国家建设完成了大量的地质与矿产资源基础数据库，包括中小比例尺数字化地质图、地球物理数据库和矿山数据库等。欧洲部分国家已经完成了本国中小比例尺地质图空间数据库，部分国家（或地区）已经完成了 1∶50 000 地质图空间数据库，并已经实现对外开放服务。

美国地质调查局采用地理信息系统软件 ARC/INFO 网络版建立了 1∶500 000，1∶100 000 和 1∶25 000 地质图空间数据库，通过实施国家填图计划（NMP）建立实用的在线基础地质空间信息系统。

澳大利亚建有全国性地球科学空间信息数据库和区域性填图数据库两级体制，不同地区的区域地质、地球物理（重力、磁）、地震、遥感影像数据库、矿产资源数据库已经提供服务，其将提供网络在线版和 DVD 版全澳 1∶250 000 无缝拼接地形地质图数据库服务。

英国地质调查局和德国地质调查局开发了基于 GIS 和 GPS 的野外数据采集系统，主要用于 1∶10 000 地质图空间数据库的数据采集。

在数据共享和社会化服务方面，国际科学联合会的两大科学数据组织——世界数据中心（WDC）和国际科技数据委员会（CODATA），通过组织国家委员会、专业委员会、工作组等多种形式，将各个科学技术领域从事科学数据工作的科学家组织起来，并利用国际互联网初步构建了全球范围的科技数据交换体系。全球资源信息数据库、国际灾害信息资源网络等一批全球性数据共享工程已经建成。全球 200多个空间数据交换中心已在国际互联网上提供服务。30 多个国家海洋资料中心及 60多个海洋组织参加了国际海洋资料交换委员会。世界气象组织联合各成员国和地区建立了世界天气监测网，遵循"平等、互惠、互利"的原则，在各成员国和地区之间实时交换全球气象资料，分析预报产品，将共享范围扩展到科技教育，进一步规范气象资料国际交换的准则。

主要工业发达国家的地质调查局（所）已经不同程度地实现了地学数据的社会化共享与服务。初步分析主要有以下特点：

（1）依据各国的法律（如美国的信息法），建立数据服务政策；

（2）强调基础地质调查数据（原始数据）为重要的数据共享资源，包括地质图、地球物理、地球化学、水文（地下水）、环境、灾害地质数据，以及其他一些专题数据库；

（3）以应用为目的，强调数据资源的标准化集成和管理；

（4）以互联网为信息服务的网络环境，实现 Web 服务，包括信息发布、目录发布、产品发布、数据免费/付费下载、资料图书订购（E-Shop）服务等。英、美、加、澳等主要工业化国家的地质调查局已建立了技术完善、内容丰富、跨越多个领域的网上服务平台，提供形式多样的公共服务。英国地质调查局还专门开发了面向社会普通用户和专业用户的服务产品，取得了良好的经济效益。

总之，随着信息技术的飞速发展和信息设施的日益健全，主要工业发达国家的地质调查部门不仅注重地学数据库体系的建设，更注重地学数据整合与集成研究，为构建和提供一站式地学信息或数据服务的门户网站奠定了基石。

1.1.3 我国地学数据集成及应用研究

我国目前已建成包括地质图等 100 多种基础性地质数据库系统，这些数据库的构建过程对地学数据保存与应用起到了重要作用。但是这些数据库基本上属于单兵作战，呈现出典型的"信息孤岛"现象，具体表现为分散、多源、异构、语义不一等，主要局限于单学科、单一主题分析，未形成多学科、多主题、多模式的协同分析。这些数据急需进行有机地融合，采用某种方法无缝集成，形成面向用户的结构统一、语义一致的地学数据库。地质专家通过方便快捷地进行各种形式的查询和分析，才有可能做出全面科学的地学决策。

在空间数据集成方面，国家、科研院校等先后投入大量资金，设立专项进行应用研究，其中具有代表性的有国家科技攻关计划"中国可持续发展信息共享系统的开发研究"、国家科技发展专项"国家科研条件基础平台建设"以及 863 计划"基于 SIG 的资源环境空间信息共享与应用服务""全国重要矿产资源潜力预测评价及综合""国家基础地质数据库整合与集成"、吉林大学的地学 G4I 系统等。这些项目的实施，大大促进了科学数据共享和数据社会化服务程度的提高。尤其是"科学数据共享工程"的实施，从理论基础、法律法规体系建设、科学数据共享机制、标准体系建设、科学数据共享工程的总体框架、技术平台框架等方面进行了卓有成效的研究，目前成功地建立了一些试点平台，取得了良好的社会效益和科学效益。

1. 科学数据共享工程

科学数据共享工程是在国家科技基础条件平台统一规划、政策调控和相应法规的保障下，利用现代信息技术，整合离散的科学数据资源，构建面向全社会的网络化、智能化的管理与共享服务体系，实现对科学数据资源的规范化管理和高效利用。

在科学数据共享工程中设有国土资源科学数据节点项目，开展的地球科学数据分节点建设由中国地质科学院承担，包括地质科学数据资源的整合集成、数据共享服务平台建设、相关配套标准规范的编制、数据共享运行服务等。数据共享服务面向各类用户。地质科学数据共享按国家有关政策规定分别提供在线服务和离线服务。地球科学数据分节点网网址为"http：//www. geoscience. cn/"，地球科学数据分节点主要数据集反映的是中国地质科学院的科研成果数据。

另外，由中国科学院（以下简称中科院）负责的"中国地球系统科学数据共享服务网"，目标是整合中科院地学领域研究所、北京大学、清华大学、兰州大学、南京师范大学、河南大学和中央级科研院所的地学数据资源，提供共享服务。

2. 世界数据中心中国学科中心

世界数据中心（World Data Center，WDC）是国际科学联合会下设的科学数据组织，源于1957—1958年国际地球物理年观察数据的收集、管理和发布。目前有12个国家52个学科数据中心，分属于4个数据中心群：WDC-A美国、WDC-B苏联、WDC-C欧洲和日本、WDC-D中国，涉及太阳、地球物理、环境和人文数据。中国于1988年加入WDC，建立了世界数据中心中国学科中心（World Data Center D）。WDC-D包括9个学科数据中心，与地学相关的数据中心有2个。

（1）地质学科数据中心（World Data Center D for Geology）于1988年建立，挂靠中国地质科学院信息中心，负责中国地质科学元数据及数据资源的调查、交换与共享服务，主要数据集是中国地质科学院的科研成果数据。

（2）地理学科数据中心挂靠中国科学院地质与地球物理研究所，主要汇集了中国地球物理学方面的基础数据，并且主要是现代地球物理数据，包括地球磁场、重力场、地球电场、地热、地震波等方面的基础数据，同美国、欧洲各国、俄罗斯、日本和印度的地球物理中心互为补充，主要数据集是中科院地球物理所的地球物理数据。

3. 国家地质空间信息网格研究

中国地质调查局发展研究中心在国家科技部863项目的支持下开展了"基于SIG的资源环境空间信息共享与应用服务"研究工作，目的是通过对前沿网格技术的攻关和实际应用，实现基于广域网络的空间数据资源、空间信息资源和空间知识资源的全面共享，实现空间信息的按需服务（Service on Demand）和一步到位的服务。

"国家地质空间信息网格平台"以面向地质应用为主线，以空间信息网格技术为支撑，通过对空间数据一体化组织与管理、资源聚合、元服务和智能服务引擎的协同等关键技术的研究，实现大型GIS与分布式、跨平台数据资源、软件资源、硬件资源的共享与协同，为不同用户提供按需服务的共享机制；实现在线分布式、资源共享式的矿产资源、地下水资源评价模式，优化资源评价过程，缩短资源成果转化的周期，大幅度提高成果转化效益；实现在线分布式GIS数据协同编辑和负载均衡的GIS数据操作、空间运算。

此项目的研究成果创新性地集成了空间信息智能服务引擎、元服务、服务协同等关键技术，所开发的"基于SIG的资源环境空间信息共享与应用服务"平台方案先进，功能实用，大大提高了面向应用的地质空间信息资源和计算资源的共享水平，基于 SIG 的矿产资源和地下水资源评价应用示范系统成功实现了地质行业信息的应用创新并有良好的示范作用。同时该研究提出了 9 个新的地质信息应用标准，在地质信息资源的空间集成与应用方面有重大创新，全面提升了网络环境下地质信息综合应用与服务的支撑能力。

全国重要矿产资源潜力评价与综合项目的成果数据需要进行一体化存储、查询、分析等。由中国地质调查局发展研究中心组织实施开展的"国家基础地质数据库整合与集成"项目主要解决我国基础地质数据的集成与共享问题。

地学数据具有空间性、海量性、多尺度、多层性、多维性等特点，一般单一分析不足以阐述清楚，往往需要结合多层次的知识进行综合分析。我国地学数据具有多源、异构、分散、语义不统一等问题，集成工程巨大，虽然做过多个项目尝试，但目前我国地学数据尚未实现真正意义上的无缝集中或分布式存储，迫切需要构建一个专门管理地学空间数据、逻辑集中而物理分散或集中存储的、为地学分析与决策提供数据源的科学规范的地学空间数据仓库系统（Geoscience Spatial Data Warehouse System，GSDWS），并开发相应的管理系统，彻底解决地学领域的"信息孤岛"问题。同时对集成后的地学空间数据仓库系统进行初级、中级、高级的查询、分析、挖掘。限于安全、技术成熟度等各方面原因，目前还没有一个完整的集成网站可以对公众提供实质性的地质信息服务。

1.2 地学数据仓库研究

数据仓库是实现数据集成的有效手段，是数据分析和数据挖掘的数据容器。采用数据仓库可以将数据按专题、分学科等有机地组织起来，不但能很好地起到数据供应的作用，同时也是抢救数据的好方法。

由于 GIS 数据在各个领域应用越来越广，数据量呈几何级上涨，科学地存储和访问空间数据越来越受关注，对空间数据仓库的研究也成为数据存储的一个焦点。我国目前虽然已在某个区域对部分地学空间数据进行了地学数据仓库的初步集成与基本应用，但还没有建成全国性的地学数据仓库。

建设全国性的地学空间数据仓库（地学空间数据仓库是采用数据仓库构建的地学领域数据仓库）需要系统化的研究与实施，通过建设地学空间数据仓库可以对我国的地学数据进行彻底的梳理，避免目前地学数据多源、异构等问题所带来的不便，形成一个逻辑同构或实质性同构、保存海量地学数据的地学数据仓库。这样既可以达到地学空间数据集成的目的，又可以为地学应用共享提供数据源基础。

地学数据仓库中的地理空间性是非常重要的，而地学空间数据建模目前国内还没有权威性、指导性、标准性成果。另外对集成到数据仓库中的地学空间数据构建地学空间数据立方体和 OLAP 分析还是一片空白，有很大的研究与应用的空间。

1.3　地学空间数据挖掘的相关研究

地学空间数据挖掘在国外地学领域中的应用目前相对比较广泛。国内的地学空间数据挖掘近些年也比较活跃，但一般限于地理应用领域。几十年来，我国地学和地理界的许多专家、学者不断进行理论与应用创新，将人工智能、神经网络、专家系统等理论与地学数据的分析和处理相结合，创造出了许多优秀的科研成果。

李德仁提出了地学空间数据挖掘与知识发现的概念，并进行了系统的研究，取得了许多创新性成果；李裕伟在地学数据分析中应用了基于统计、人工智能、神经网络等挖掘算法；杨毅恒将聚类分析、因子分析、判别分析等应用到矿产评价与资源预测中；刘成林、王永志等将决策树和专家系统等应用在塔里木盆地重要蒸发岩坳陷成盐及油气生储条件研究中；肖克岩将专家系统、神经网络等应用在矿产资源评价系统中；路来君主持开发的"多元地学信息系统""地学 G4I 系统"将 5 类专业地学数据库及评价模型集合集成到多平台 GIS 当中，用以实现大比例尺的矿产资源评价；中国地质调查局发展研究中心开发了 GeoExpl；赵元艺将聚类分析、因子分析等应用于矿山环境评价中，等等。

由于缺乏各类全国性的地学数据支持，对全国性的、多专题的地学数据进行综合分析和挖掘的有效实例目前比较少，因此地学空间数据挖掘有很大的研究空间和应用前景。

1.4　面向服务体系结构的应用

面向服务体系结构（Service-Oriented Architecture，SOA）是一种基于标准的、

松散耦合的系统设计新模式，是擅长在异构环境下对应用系统进行整合的组件模型，它将应用程序的不同功能单元使用标准的接口封装成 Web 服务，并通过发布、查找、绑定 3 个步骤完成操作。

1.4.1　SOA 在国外地学的应用

SOA 最早由 Gartner 在 1996 年提出，受当时互联网及软件技术的限制，其并未引起注意。自 2006 年开始，IBM、Oracle、BEA 等公司相继推出印有"SOA"标记的应用程序服务器、开发工具、业务建模工具，并在全世界各个国家推广其产品；SAP、Microsoft 等也热衷于 SOA 技术的研究与支持；Gartner 预计 SOA 将成为占有绝对优势的软件工程实践方法，主流企业现在应该在理解和应用 SOA 开发技能方面进行投资。

国外相继有 IBM、Oracle、微软等公司使用 SOA，并获得较好的阶段性成果。

1.4.2　SOA 在国内地学的应用

SOA 从 2005 年开始大规模落地中国，阿里巴巴等诸多 IT 企业和各行各业的 IT 部门均密切关注 SOA 的发展及动向。IBM、Oracle、BEA 等 SOA 产品提供商定期或不定期地召开各种规模的发布会或产品推广会；CSDN、SOA 中国路线图技术实践全国路演等，对 SOA 进行专题报道及推广；国内金碟、普元等企业相继应用或推出支持 SOA 的自主知识产权的产品。

地学上的 SOA 应用在 2007 年还只是纸面上或报告中的字眼，但是到 2008 年 3 月，在金土工程一期"我国石油、煤炭、铁矿、钾盐矿产资源潜力数据库建设"等项目中，SOA 已被逐步应用到了系统建设中，与可供性分析系统有机集成，并将矿产地数据库采用 SOA 有机地集成到一起，初步构建了第一个完整的地学数据集成与共享的信息门户，填补了一项空白。目前正在进行的"国土资源信息集成与平台建设""国家基础地质数据库整合与集成"等均以 SOA 作为基础架构进行研究。

1.5　地学数据集成及应用面临的问题

1. 地学数据集成面临的问题

（1）难于建立科学的同构数据模型。由于不同的时期、采用不同的数据库技术、不同模型建立的数据之间存在着结构不同等问题，并且同构需要将多个数据库中的一个或多个表映射成一个表，或将一个表分解成多个表，故同构需要严密考虑数据上下文及未来数据分析与挖掘的需求。由于同构将带来数据的完整性等方面的问题，故基于异构数据建立同构地学空间数据模型有很大的难度。

（2）ETL 工作量大，难以保证数据质量。地学数据在进入同构的地学空间数据仓库前，需要对其进行数据的提取、清洗、转换等操作，因其多维性、多义性等特点，又加之数据量巨大，这些操作需要分期、分批地进行。

（3）语义的一致性问题。不同的地质专家对同一问题有不同的评价理论与方法、不同的解释和分析结果，而且相对而言各有科学道理，目前很难从语义上统一使用一个标准。

（4）海量数据的存储问题。将分散的海量数据集中存储在一处，虽然方便了数据的管理及用户基于安全的访问，但是需要高性能的计算机计算资源和存储设备、高速的网络线路、更宽的出口、数据安全的保障、数据备份等，要保证数据的保存和访问质量，需要有机使用集中和分布存储机制。

（5）查询的性能问题。全方位地解决某个地学分析问题，可能需要提取数百兆字节、几个吉字节、甚至几十个吉字节的地学空间和非空间数据，才能达到预期效果，高效和有效地查询地学数据成为用户关注的焦点。

2. 地学数据在线分析面临的问题

由于没有地学数据及地学文档在线分析模型、地学空间数据及地学文档立方体可参考，故在建立地学空间 OLAP 模型和立方体时主要参考商业 OLAP 模型和为数很少的 GISOLAP 模型，结合地学未来可能的分析需求，构建地学空间 OLAP 模型及立方体，难度很大。

3. 地学应用集成面临的问题

地学应用集成是将已有的地学知识和新的地学计算组件通过服务方式组装起来，对外公布访问接口，形成一个有机的整体，使其对外就像一个具有若干模块、无穷计算能力的大的应用程序。为了让应用更好地为用户服务，需要让应用建成不同粒度的服务，能够配合 BPEL 的重用；另外由于数据交换主要是基于 XML 文档进行的，因此要充分考虑性能问题。

4. 地学空间数据挖掘面临的问题

由于地学空间数据挖掘要全面考虑数据的空间特性、多维性，故不能简单使用商业上的数据挖掘算法及分析方法，要综合考虑挖掘主题的地质背景、构造、所属区域的地形、地理物探特征、地理化学特征等；另外还要考虑目前提供的分析目标的数据地理精度等多种因素。因此获得一个较为满意的地学空间数据挖掘结果，需要大量的基础性研究工作和较长时间。

1.6 本书的结构

本书在解决地学空间数据集成与共享、地学应用集成等问题的基础上，充分分析目前我国地质领域的数据现状，结合计算机技术、网络技术、数据仓库技术、组件技术、建模技术、数据分析技术等，构建地学数据仓库，用以集成多源、异构、分散的地学数据，其对外逻辑表现为一体化存储结构，通过服务对集成的组件进行重用，应用在线分析技术、数据挖掘技术进行深层的数据加工，最后将处理的结果显示出来。

第1章为绪论，主要介绍了本书的研究背景和研究现状。

第2章介绍地学空间数据集成与应用框架，从我国地学数据管理及应用实际出发，提出了构建符合我国实际的地学空间数据仓库及应用的完整框架，以及实施方法等。通过地学空间数据仓库逐步将异构、多源的地学物理数据模型映射成统一的、规范的、标准的地学数据模型，实现真正意义上的物理同构；应用 SOA 框架将异构、多源的地学数据或已有组件发布成服务，通过服务实现松散耦合集成，即通过地学应用集成实现地学数据和数据处理两个层面的集成，实现地学数据逻辑同构，从而达到共享的目的。

第3章介绍地学空间数据仓库，深入研究了构建地学空间数据仓库的过程与模式，并对地学空间数据仓库如何有机地存储进行深入研究，对多源、异构的地学数据如何保质保量地进行地学数据仓库为未来的地学空间决策服务进行了较为系统的探讨，对数据的提取、清洗、映射等进行了细致的研究，设计并初步实现了地学空间数据 ETL 工具。

第4章介绍地学空间数据 OLAP，分析了地学空间数据立方体构建的难点和目前国内外空间数据立方体的研究现状，具体分析了地学空间数据立方体使用到的空间维。将空间数据立方体技术与地学空间数据的实际特点结合，提出了多维地学空间数据立方体的构建方法，给出了空间维和空间度量，并给出了地学空间数据立方体按空间区域上卷、按时间下钻等 OLAP 操作。

第5章介绍基于 SOA 的地学应用集成，简要地介绍了 SOA 体系结构，应用 SOA 作为基础框架，结合地学空间数据服务构建基于 SOA 的地学空间应用共享框架，并对如何通过服务实现不同主题的属性数据之间、不同的 GIS 空间数据之间、属性数据与空间数据、内容数据与属性和空间数据，甚至属性数据与栅格数据之间的交互进行了深入的研究，提出了使用非结构化 XML 及基于 Socket 服务器的两种优化的新型集成模式。

第6章介绍地学空间分析与数据挖掘，对集成在地学空间数据仓库中的地学数据进行了环境污染的聚类分析、因子分析；通过空间 Web 服务实现矿产资源的叠加分析、缓冲区分析的基本算法设计；研究并实现了一套基于 SOA 的使用专家系统对测井参数进行分析并判别出蒸发岩岩性的模型，通过对测井的岩性数据的分析发现了蒸发岩岩性韵律旋回规律。

第7章介绍集成应用实例，基于 SOA 具体实现了潜力数据库、矿产地数据库、重砂数据库、测井数据库等与可供性分析、油气数据库等的初步集成。通过调用 SOA 服务器发布的各种属性数据服务和空间数据服务实现石油地质资源的叠加分析、煤炭资源的缓冲区分析，以及矿产地与潜力数据库等的无缝集成。

第8章介绍主要成果与展望，对已有工作进行总结，分析现有工作中的不足及下一步要进行的工作。

第2章
地学空间数据集成与应用框架

2.1 地学系统集成与应用框架

2.1.1 基于地学空间数据仓库和 SOA 的集成与应用框架

鉴于我国地学数据目前仍存在分散、多源、异构、语义不一等情况，没有达到为决策支持提供有效数据源的水平，结合国家对摸清"地质资源家底"的需要及社会、公众对地学信息服务的迫切要求，采用数据仓库技术、面向对象思想、SOA、GIS 等关键技术将现有的异地地学数据有机地集成起来，并发挥其应有的共享作用，进行相应的空间分析和空间数据挖掘等处理，最终以友好的界面显示给用户。

地学空间数据仓库（Geoscience Spatial Data Warehouse，GSDW）是面向主题的、集成的、时变的、相对稳定的、海量的地学空间数据和非空间数据的集合，是地学空间数据决策支持的基础平台。地学空间数据仓库可以将多个异构的、自治的、分布的信息源有机地组织起来，形成同构数据库，采用分布式空间数据存储对象概念进行存储，并提供对空间和非空间数据的简便、有效访问。

地学数据集成与应用框架从逻辑上划分为数据源、空间数据转换、空间数据存储、空间应用分析服务、SOA 服务层、前端空间分析工具六层结构。地学空间数据仓库对于用户来讲就是一个大的数据仓库，而实际上是由一个集中的数据仓库或由多个分布式的地学数据集市（Data Mart）组成的虚拟数据源，而服务层通过重用已有组件、集成新建组件构建了一个大的地学计算资源池。

地学数据集成与应用框架的特点主要有以下几点：

（1）经过 ETL 处理并存储在数据仓库中的数据与数据源无关；

（2）逻辑数据模型规范、统一；

（3）数据存储管理集中；

（4）数据存储和地学空间数据处理之间松散耦合；

（5）数据含义与表达分离，同一内容可以用文字、表格、图形和图像等多种形式呈现；

（6）系统应用基于 SOA 构建，应用扩展性和组件重用性好；

（7）使用存储网格和应用网格技术，数据存储能力和承担地学计算能力扩充性强；

（8）存储、地学计算和应用均是位置透明的；

（9）与编程语言、数据库、平台无关；

（10）数据库、应用程序服务器、实现技术等均是目前世界上最流行和最成熟的；

（11）可以与一站式服务及数据挖掘有机地结合。

2.1.2 地学数据源

地学数据源是地学数据仓库系统的数据源泉，其数据均来自地质单位应用系统产生的原始空间数据、属性数据和地质成果报告等。数据的存储格式有 GIS（MapGIS、ArcGIS、MapInfo 等）、XML、文本文件、电子表格、关系或关系-对象数据库（Access、Oracle、SQL Server、DB2 等）、栅格（遥感等）、电子文档等。

2.1.3 地学数据转换

地学空间数据转换（Geological Spatial ETL）是保证地学空间数据仓库数据质量、数据规范和标准化的关键环节。通过对操作型的地学数据进行数据整理、数据清洗、数据抽取、数据变换、数据集成、数据装载和数据刷新来构造地学空间数据仓库。将数据源中要保存到数据仓库中的数据抽取出并临时存放在数据准备区里，在数据准备区中进行地学数据的清洗、转换、集成，将清洗和转换后的标准地学数据装载到地学数据仓库中，若有新的地学数据要追加到数据仓库中可以执行刷新操作。为达到转换前后数据的保真，采用空间数据转换工具，通过 JDBC、ArcSDE、ADO. NET 或 ODBC 等数据库连接引擎，按照实体映射、域映射、格式转换规则等完成 ETL 过程，可采用的工具有 ArcGIS SDE、ArcCatalog、Oracle MapBuilder、SHP2-SOD、Oracle Data Integrator 等。

由于现有工具基本都不能将空间和属性数据、栅格、文档等数据一次到位地完成映射和转换操作，因此本书设计并初步实现了地学空间数据 ETL 工具，采用 C/S 模式分期、分批进行。空间数据转换层位于地学原始数据和地学空间数据仓库之间，原始数据未经整理，经过提取、转换、装载过程才能保证到数据仓库中的数据质量。

2.1.4 地学空间数据仓库存储层

数据仓库存储层是整个地学空间数据仓库系统的核心部分，在实际存储时采用分布式和集中式的共存模式，对用户是位置无关和透明的，就像一个可以源源不断地供应各种地学空间数据的超级虚拟数据仓库存储网格，可以从根本上满足地学海量数据存储的需求。

数据仓库由地学空间数据仓库和地学原始数据仓库组成，这主要是由于地学数据与商业数据性质不同而造成的。大部分商业数据是数值型的，而且可以进行累加、汇总、平均等操作，而大部分地学数据是不能进行数学计算的（如石油的储量和煤炭的储量同是储量但不能一起相加、求均值等操作），加之地学数据在不同时期生成的同类数据在结构、类型、语义、表示等方面有很大的差异，还有许多是定性的文字描述信息，由不同的专家、不同的方法争议结果导致存在不同程度的冗余，在一定的时期内很难将所有的数据归一化，故特地学数据以原始格式保存在一个大的内容数据仓库中，以满足终端用户对原始数据的需求。

地学空间数据仓库保存的是经过同构处理之后的地学空间数据，可以提供经过整理之后的地学空间数据和纯原始数据两种方式的地学数据。

数据存储有数据仓库和数据集市两种模式，而在国家级和地区级则采取数据仓库来存储地学数据，在省级采用数据集市的形式存储地学数据。操作型地学数据经过空间 ETL 操作之后可以直接进入各省级数据集市进行存储，也可以在基于角色的权限管理范围内和业务规定的情况下直接上传到国家级数据仓库中。省级数据集市的数据可以在符合权限和业务规则的前提下上传到国家级数据仓库中；也可以直接上传到地区级数据仓库中，再从地区级数据仓库上传到国家级数据仓库中。

数据仓库存储层为应用层提供的数据可以从国家级数据仓库、国家级数据仓库形成的专题数据集市、地区级数据仓库、省级数据集市中通过数据访问引擎提取数据，如图2-1所示。

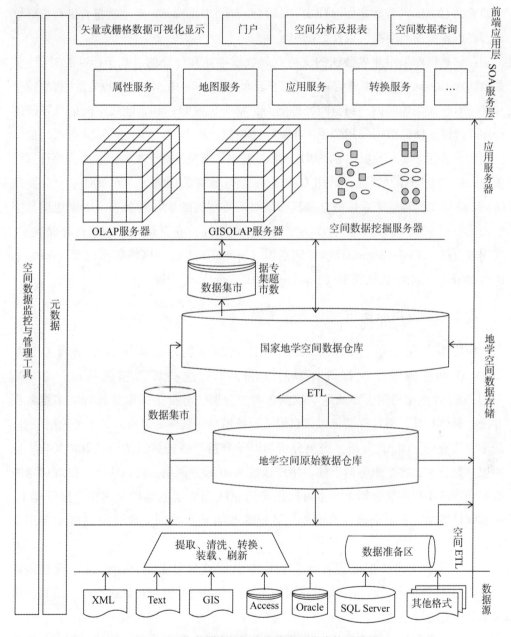

图2-1 地学空间数据集成及应用集成体系结构

地学空间数据仓库中的数据围绕物探、化探、地质等大的主题进行存储，每个主题数据又按矿种、储量、矿床、岩石等细粒度的主题进行组织。数据仓库中存储相关主题不同粒度的数据（如基础数据、中间信息数据、最终成果数据等）。由于地质成果报告多以 Word、Excel 等非结构形式存在，且数据量较大，故采用支持全文搜索的 Oracle 内容数据库（OCD-Oracle Content Database）对地质报告进行统一管理，将内容数据与空间、属性数据相关联。

存储数据库采用业界公认的支持空间数据存储和计算的、基于标准的对象-关系数据库 Oracle 10g 数据库管理系统，广泛使用 Oracle 10g 数据库的关系-对象特性和支持 GIS 应用程序的高级空间处理能力、基于位置服务和企业级空间信息系统的 Spatial 选件。属性数据采用关系-对象特性存储；存储点、线、面矢量格式的地学空间数据采用 Oracle Spatial 的 SDO_ GEOMETRY 类型，对于缓冲区、距离等计算使用 Oracle 的空间计算函数；采用 GeoRaster 进行栅格数据管理。在设计中充分使用 Oracle 数据库的对象关系模型，及其面向对象类型的继承和封装等。国家地质数字中心的数据仓库（内容数据仓库、空间数据仓库等）在存储时采用网格存储技术，使用表分区（Table Partition）、空间索引（Spatial Index）、网络数据模型（Network Data Mode）和拓扑数据模型（Topology Data Model）等实现。

2.1.5　应用服务层

应用服务层是进行地学数据的具体处理系统，它调用各种空间 OLAP、GISOLAP 和空间数据挖掘等计算算法和函数，这些算法和函数通过 JDBC、ADO. NET 等数据访问引擎从地学数据仓库中分期、分批地提取要处理的多维数据并进行具体计算，将计算结果以接口形式返给用户。具体计算由封装了的地图服务、地学空间查询、OLAP 分析、聚类分析和因子分析等各种算法的组件具体实现。这些组件是分布在各个服务器上的，用户通过 Web 服务调用，可以集中存储在国家级数据仓库应用程序服务器上，也可以注册到 SOA 服务层的集中应用程序服务器上，而实际计算由分布在全国（或世界）各地的 Web 组件协同完成（由 SOA 服务层实现）。

由于地学空间数据处理要比常规商务数据处理复杂得多，而且海量数据在 Internet 上传输也不实际，因此应尽可能少地产生中间数据，将处理交给本地自治服务器和数据存储交互。

为了有效保证计算速度，在应用服务层采用 Web 缓存技术、网格计算和均衡负载技术以提升计算质量，但这些对用户均是透明的，用户只是觉得有一个具有超级空间计算能力的 Web 服务器。

Oracle 数据库将 OLAP、数据挖掘和数据存储无缝地集成在一起，在性能、安全和管理等方面达到了理想的效果。

2.1.6 SOA 服务层

SOA 服务层采用目前世界上最流行的面向服务体系结构（Service-Oriented Architecture，SOA）的框架进行搭建。SOA 服务层主要管理细粒度的属性数据访问 Web 服务、地图服务和各种计算服务，以及直接由多个细粒度的 Web 服务组成或通过业务流程编排而形成的新粗粒度的 Web 服务等。它不但可以通过服务访问经过 OLAP 分析、GIS 空间 OLAP 分析、数据挖掘的结果数据，还可以访问一体化存储的数据仓库中的数据，以及虽保存在一个大的数据库而结构等保持原始状态的原始数据仓库中的数据，并将原始数据直接发布为服务。用户通过这些服务可以访问各种级别和格式的地学数据。每一个服务均以 XML 作为基本数据转换和消息传递格式，发布的均是服务接口信息。

空间数据的转换是比较难的，在这里通过地图服务的方式进行发布，通过 XML 格式（矢量）进行交互，不同格式的 GIS 数据均以 GML 为转换标准，通过 SVG 进行可视化显示，达到异构 GIS 数据之间的交互目的。组件部署和应用程序服务器使用 Oracle SOA 套件（还有 IIS 等），地图显示（矢量和栅格）服务使用 ArcGIS 服务器和专门显示 Oracle 空间数据的 Oracle MapViewer。

2.1.7 前端应用层

前端应用层向集成了空间 OLAP 或空间挖掘等组件的应用服务层发送基于 HTTP 协议、XML 格式的空间查询，及分析请求，接收并显示计算返回的结果。结果主要是各种报表、查询、数据分析、门户网站、数据挖掘工具，以及矢量和栅格格式的可视化地学数据。

2.1.8 空间数据监控和管理工具

空间数据监控工具位于整个体系左侧，贯穿了组成体系结构各层，它主要对各个数据仓库、数据集市、应用服务器的运行状态进行远程监视、分析和管理。为保证地质数据的机密性，数据访问是基于严格的角色授权管理的。

空间数据管理工具是管理空间数据仓库的图形工具，它可以作为数据集市的 ETL，能够定期刷新，并且可以提供管理和备份，为面向一般决策过程的数据仓库服务。

2.2 地学数据集成的实施过程及实施金字塔

2.2.1 地学数据集成的流程

目前国家在矿产资源评价与预测、危机矿山等方面有许多项目正在运行，需要大量的原始数据作为数据支撑，这些数据还处于多源、异构、分散的状况，而同构的地学空间数据比异构的地学空间数据易于管理、检索、分析，更利于为空间数据分析和空间数据挖掘提供数据，有力地支持地学数据决策。

海量的地学原始数据集成与共享的过程分为两个过程，如图 2-2 所示：一是通过应用集成将异构、多源、分散的地学数据从逻辑上实现数据集成；二是通过地学空间 ETL 将数据达到实质性的同构集成，同构后的数据可以集中存储，也可以分布存储。

同构集成后存储的数据可以作为应用集成的数据源，通过应用集成再次进行逻辑上的数据集成以满足不同层次用户的数据要求。

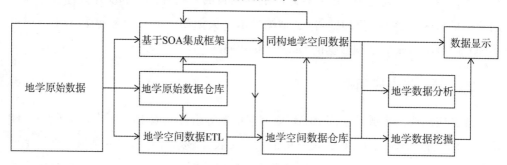

图 2-2 地学空间数据集成的流程

2.2.2 地学数据集成与应用的基本过程

地学数据集成与应用包括多个环节，主要有地学数据分析、数据提取、数据清洗、数据映射与转换、数据装载、构建仓库、数据分析及挖掘、服务发布及用户应用等。每个环节如果使用对应的函数来表达，则可以使用简单的数学模型表达。

设 x 为数据，$A(x)$ 表示对原始数据进行分析，$E(x)$ 表示对数据进行提取，$C(x)$ 表示对数据进行清洗，$T(x)$ 代表对数据进行映射及转换，$L(x)$ 表示装载数据，$W(x)$ 表示构建数据仓库及对仓库中的数据进行处理，$M(x)$ 表示对数据进行智能分析和数据挖掘，$S(x)$ 表示发布对数据的访问及分析服务，$V(x)$ 表示用户查看请求的处理结果。采用顺序方式表示数据集成与应用流程，如图2-3所示。

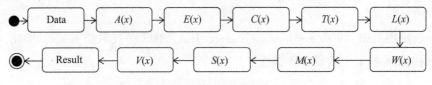

图2-3 数据集成与应用流程

2.2.3 地学数据集成实施金字塔

要想成功地构建地学数据仓库并使地学数据持续发挥公益性服务的作用，一般应遵循自底向上实施的金字塔模式，如图2-4所示。

1. 数据整理及模型建立

采用面向对象思想对现有数据和未来决策使用的数据进行全面的分析及对比，对数据源中的数据进行彻底的清理，设计并建立符合实际需求的新地学空间数据模型。这是实施成功并挖掘出好模式的根本保障。

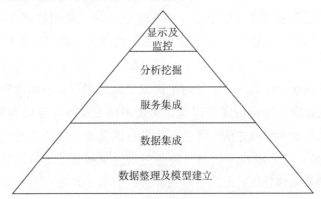

图2-4 地学数据集成实施的金字塔模式

2. 数据集成

地学空间数据一体化集成是数据仓库的核心目标之一，只有将多维度、多尺度的数据按标准模式集成，才能为矿产评估、储量评测、潜力分析、拓扑分析提供健康的数据，才能对地质数据决策起到支持作用。

3. 服务集成

将对已归一化的地学数据进行成因分析、资源量预测等操作全部封装成 Web 服务组件，可建成跨地域、跨平台的，与语言、实现和数据库无关的各种服务。基本

Web 服务的粒度较细，可以根据地学分析处理要求重用已有细粒度的 Web 服务而组成粗粒度的 Web 服务。Web 服务可以提供空间数据服务（矢量和栅格），也可以提供属性数据服务。

一般使用 ESB、Web Services、Adapter、JCA、JMS 等技术和 WMS、KML、XML 等标准在 SOA 框架上实现服务集成。

4. 分析挖掘

通过 Web 服务组件提取相应的多维度、多尺度的地学数据模型，并使用设计好的地学分析或空间数据挖掘算法进行处理。

5. 显示及监控

前端图形用户接口可以以表格形式显示 Web 服务组件、分析及挖掘算法、地学查询结果，也可以用显示 Google Maps 风格的地图显示。

地学处理比商务处理要复杂得多，构建地学空间数据仓库是一个长期的、系统化的工程，要有充足的财力、人力资源支撑。采取总体规划、里程碑式阶段性成果验收方式，分步研究、分步实施、分步评审。这样既可以保证系统的进度，又能验证其是否可行，是否值得继续做下去。在这个过程中，采用数据驱动、分区迭代、测试驱动模式，边设计、边开发、边测试，这样可以进一步保证系统的质量。

要加强团队意识。地质工作是国家公益性事务，其资金、灵活性等不如民间的地质资源开采等商业动作灵活，但是为了国家公众的利益，参加地质信息处理的人员必须加强团队意识，加强沟通与协作，实现领域专家与计算机专家的有机融合，尤其是要尽可能将地学预测方法、评估方法进行语义统一（或相对优选出重点核心方法体系），避免过于追求技术创新，避免使用过于抽象而不易理解的理论，应使用地学领域和相关领域公认的术语、概念和理论，以免在推广过程中对使用人员要求过高，而导致推进受阻。在模型建立、数据集成、服务创建及包装、分析挖掘等环节均应按统一标准进行，这样才能做到系统中的应用和数据的可扩展、可重用，避免由小的"信息孤岛"造成超大型的"信息孤岛"。数据模型按统一标准构建，组件统一按标准接口，并采用增量式、插件式开发和封装（使用 Web 服务等）。

2.3 物理部署结构

从国家地质行业行政划分和数据处理的实际需要出发，地学空间数据仓库的物理结构采用集中式和分布式两种模型，总体部署策略（总体是集中式，组成为分布式）采用省级、地区级、国家级三级同时存在的结构，每一级可以有基础数据、中间信息数据和最终成果数据。国家地学空间数据仓库系统物理部署逻辑结构如图2-5所示，在每一处均按企业级架构进行部署，即数据（空间数据和属性数据、成果数据等）保存在数据服务存储层，组件和服务部署在 Web 服务组件服务器上，Web应用部署在 Web 应用程序服务器上。用户可以通过 Internet/Intranet 访问共享的服务，操作数据仓库中的多维数据。

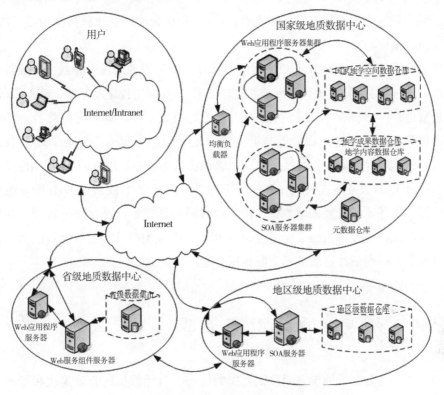

图2-5　国家地学数据仓库系统物理部署逻辑结构

地学数据可以全部保存在国家级地质数据中心，在地区级和省级地学数据中心可以再保留一份副本；也可以在国家级地质数据中心只保留元数据，而数据实际还保存在地学数据中心。公众访问时先访问国家级地质数据中心，根据元数据和访问设计，可以访问国家级地质数据中心的数据，也可以访问保存在地区级或省级地质中心的数据，这样可以有效分流，避免大量数据均由一个出口提供而造成网络阻塞。

总体部署策略集中存储易于管理，访问方便，但是并发访问会对性能造成很大影响，同时对物理存储设备、网络等要求很高，可能需要额外购置设备。

地学空间数据集市、数据仓库三级存储的访问对于用户是位置透明的。用户的请求将由国家级、地区级、省级地学数据中心的 Web 服务组件与相应的地学空间数据仓库/集市中的数据交互处理得出。

设 A 为大区中心（对应地区级地质数据中心），$A = \{A_1, A_2, A_3, A_4, A_5, A_6\}$，$A_i$ 表示一个大区中心，$i = 1, 2, \cdots, 6$，$A_i = \{p_1, p_2, \cdots, p_n\}$，$p_j$ 表示一个省（市、自治区），$j = 1, 2, \cdots, n$；$p_i \cap p_j = \varnothing$，$i \neq j$。设行政区划为 P，$P = \{p_1, p_2, p_3, \cdots, p_{32}\}$，$p_i$ 表示一个省、市或自治区，$i = 1, 2, \cdots, 32$，$p_i \cap p_j = \varnothing$，$i \neq j$；$U$ 为用户机集合，C 为国家级地质数据中心，AD 为地区级地质数据中心，PD 为省级地质数据中心。

省级地质数据中心有 Web 应用程序服务器、Web 服务组件服务器、省级数据集市（保存本地元数据）；地区级地质数据中心有 Web 应用程序服务器、SOA 服务器、地区级数据仓库（保存本地元数据）；国家级地质数据中心有均衡负载器、Web 应用程序服务器集群、SOA 服务器集群、国家地学空间数据仓库、地学成果数据仓库、元数据仓库等。省级、地区级、国家级地质数据中心通过 Internet 互相连通，而数据也通过 Web 服务器在权限允许的范围内进行网络 ETL 或通过 Web 服务组件访问，数据和服务器的管理采用 Oracle 的企业级网格管理系统进行统一管理。这样各自的数据既保持地方自治，又能通过 SOA 组成一个大型的具有超级计算能力、存储海量数据的虚拟网格计算服务和空间数据仓库。

2.4　地学空间元数据管理

地学空间元数据是地学空间数据仓库的核心，对元数据的有效集成和管理是构建互操作的数据库、工具和应用的基本保障，是地学各种应用程序之间无缝集成和互操作的黏合剂。为了保证地学空间元数据全局的统一，采用对象管理组织（Object Management Group，OMG）提出的应用于数据仓库及业务分析领域的公共仓库元模型（Common Warehouse Metamodel，CWM）和 XML 元数据交换（XML Metadata Interchange，XMI）规范、国土资源信息核心元数据标准建立地学空间元数据模型。CWM 是一个开放的业界标准，是数据仓库和业务分析领域中的一种通用领域模型，而 XMI 为元数据定义了基于 XML 的交换格式。

在地学空间数据仓库中的元数据管理采用基于 Oracle 10g 的 XMLDB 格式存储的

地学空间公共仓库元模型（Geoscience Spatial Common Warehouse Metamodel, GSC-WM），图2-6为基于GSCWM的地学元数据集成体系结构。

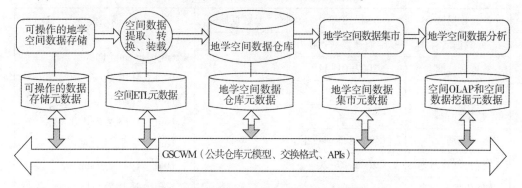

图2-6 基于GSCWM的地学元数据集成体系结构

GSCWM是地学数据仓库体系中的关键组件，贯穿于地学数据仓库系统的设计、开发、运行、应用和维护的全过程，在ETL、存储、处理、应用等信息供应链的各个环节起作用，其管理策略决定了数据仓库的性能。为了保证分散于全国各地的地学数据集市和数据仓库语义和交互的一致性，兼顾未来与其他国家的地学数据集市或数据仓库的集成和共享的扩展性，元数据的存储采取集中式存储与管理，访问则采取分散式提取方式。元数据在国家级和地区级、省级地学元数据服务器上各保存一份，主要包括要装载到数据仓库中的联机事务处理（On-Line Transaction Process, OLTP）数据的元数据（可操作的数据存储元数据）、地学空间数据仓库的元数据、空间ETL元数据、地学空间数据集市元数据、空间OLAP和空间数据挖掘元数据。为了保证访问的一致性和通用性，GSCWM应用模型形式化方法，并采取适配器原理设计访问模式。

地学空间元数据仓库保存了所有与地学空间数据仓库有关的数据、操作等的元数据描述，采用集中式和分布式两种模式。在国家级地质数据中心保存所有的元数据，在大区中心和省分别存储本级相关的所有元数据（包括其他平级的元数据），在国家级地质数据中心的元数据仓库有问题时，可在本地提取或通过本地找寻上一级或同级的相关元数据，最终找到要提取或操作的目标数据。

元数据仓库中按阶段分主题的存储需要提取规则、清洗规则、转换规则、编码规则、映射规则、数据模型（管理属性、空间、栅格、文档等之间的关系），以及分析方法、节点、服务资源等。元数据保存在XMLType对象类型的字段中，可以采用数据库自带的查询函数实现元数据访问。典型的元数据基本元组或树形描述：$D =$ {名称，更新日期，发布人，数据发布者，类别，数据内容，…，比例尺，格式，表达格式，空间数据类型，空间地理范围等，如表 2-1 所示。

表 2-1 1：4 000 000 基础地理数据的部分元数据

元数据域	描述值	元数据域	描述值
元数据名称	基础地理数据 400 万	数据内容	├──bou1_ 4m（国界）
更新日期	2007-01-11		│ bou1_ 4l 国界 . dbf
发布人	吴立宗		│ bou1_ 4l 国界 . shp
数据发布者	李新		│ bou1_ 4l 国界 . shx
类别	国家基础地理数据		│ bou1_ 4p 国界 . dbf
数据集创建日期	2006-07-20		│ bou1_ 4p 国界 . shp
数据集发表日期	<未知>		│ bou1_ 4p 国界 . shx
比例尺	1：4 000 000		│
格式	SDE Feature Dataset		├──bou2_ 4m（国界与省界）
表达格式	数字地图		│ bou2_ 4l 国界与省界 . dbf
空间数据类型	矢量		│ ⋮
空间地理范围	东经：136—74；北纬：54—3		├──bou3_ 4m（地级行政界线）
			│ ⋮
			├──roa_ 4m（主要公路）
			⋮
			hyd1_ 4m（一级河流）
			│ hyd1_ 4l 一级河流 . dbf
			│ hyd1_ 4l 一级河流 . shp
			│ hyd1_ 4l 一级河流 . shx
			│ hyd1_ 4p 一级河流 . dbf
			│ hyd1_ 4p 一级河流 . shp
			│ hyd1_ 4p 一级河流 . shx

第3章
地学空间数据仓库

3.1　地学数据类型

3.1.1　常见的地学数据类型

地学数据由结构化的属性数据、空间数据、非结构化数据（如文档、电子邮件、多媒体文件、电子表格）等组成，如表3-1所示。

表3-1　常见的地学数据类型

序号	文件扩展名	说明
1	*.doc	Microsoft Word
2	*.xls	Microsoft Excel
3	*.ppt	Microsoft PowerPoint
4	*.pdf	Portable Document Format
5	*.mdb	Microsoft Access
6	*.txt	Text
7	*.tif	Tagged Image File Format
8	*.jpg	Joint Photographic Experts Group
9	*.bmp	Bitmap
10	*.png	Portable Network Graphic

续表

序号	文件扩展名	说明
11	*.gif	Graphics Interchange Format
12	*.dbf 和 *.ldf 或 *.bak	SQL Server
13	*.shp	ArcGIS Shape File
14	*.WT、*.WL、*.WP	MapGIS
15	*.adf	ArcInfo Coverage
16	*.dat	自定义或其他格式的数据文件
17	DEM	数字高程

地学数据与其他商业数据的不同之处在于：地学数据基本上都与空间有关联，而商业数据则以数值和时间为主。地学数据有很多是不能进行数据处理（加、减、乘、除等）的定量数据，更多地可能是描述性的定性数据。定量数据与定性数据之间存在着各种关系，定性数据中保存的大都是各领域专家的知识及规则。

地学空间数据是在基础地理空间数据的基础上加上地学属性知识或侧重表现地学空间信息（如矿体、构造等各种相关信息）。各种地质空间信息通过矢量数据的点、线、面，以及栅格数据进行空间表达，使用属性数据等进一步描述，而地质实体间的空间关系通过拓扑和网络来表达。

3.1.2 矢量数据

1. 点

点是一个零维的矢量数据，在二维欧氏空间中点用唯一的有序实数对 (x, y) 来表示，在三维欧氏空间中用唯一的有序数组 (x, y, z) 来表示。由于点没有方向和大小，故在地质领域中主要用来表示目标的位置（如矿点、标高、城市、钻孔、测井等），一般只考虑其中属性特征而不关心其面积、形状和大小。

点是构成线、面或体的基本组成元素，一般作为矢量系统中的一个节点，经常以点集形式出现，$P = \{p_1, p_2, \cdots, p_n\}$，其中 $p_i = (x_i, y_i)$。

2. 线

线是一维的矢量数据，是由多个有序点对（集）组成，在地质领域中主要用来表示地质剖面、矿体走向、水系、石油管线等。线 $L_i = \{p_1, p_2, \cdots, p_n\}$，其中 $p_i = (x_i, y_i)$，一条线可以由多个点或点集构成；多条线组成线的集合 $L = \{L_{10}, L_2, \cdots, L_n\}$。

3. 面

面是二维的矢量数据，在二维欧氏空间上指由一组闭合弧段所包含的空间区域。同于面状要素由闭合弧段所界定，故又称为多边形。在地质领域中，面主要用来表示盆地、成矿区带、行政区划等。它可以表示为由若干有序点对的集合 $A = \{p_1, p_2, \cdots, p_n\}$，$p_i = (x_i, y_i)$，即点集 $P \in A$；也可以表示为若干有序线的集合 $A = \{L_1, L_2, \cdots, L_n\}$，$L_i = \{p_1, p_2, \cdots, p_n\}$。

3.1.3　属性数据

地学数据的属性数据一般以关系数据库保存（如 DBF、Access、SQL Server等），也有部分数据保存在文本或 Excel 文件中，部分空间属性信息保存在空间数据中。属性数据在创建过程中，一般都能按照第三范式建表，如图 3-1 所示的潜力数据库核心实体关系。有不少项目在开发过程中未严格按照第三范式及以上进行数据模型的设计，导致里面的许多数据存在不一致、冗余等问题，需要进一步检查与清洗。

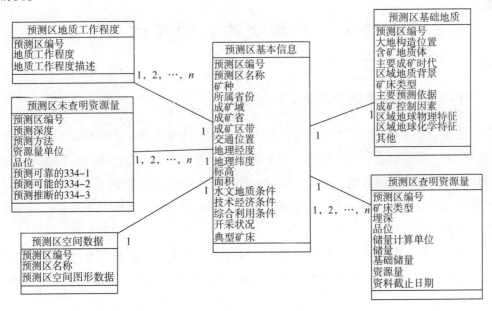

图 3-1　潜力数据库核心实体关系

3.1.4　非结构化数据

我国地质领域形成了诸多的地质成果资料，大多以 Word、Excel、文本文件等形式保存。目前保存在全国地质资料馆中的成果资料，一般是与项目成果数据保存在操作系统的一个目录下（如矿产地、重砂、矿产资源潜力等成果报告），采用模型将非结构化数据组合，将非常有利于数据的组织与管理。

在互联网时代，企业数据信息的数量和复杂度呈爆炸性增长。分析专家们普遍认为数据量每年以成倍的速度增长，根据 Forrester Research 的报告，目前组织机构内容的数量每年超过 200% 的增长，而企业一般都以文档、多媒体、Web 页面、XML 文件、结构化数据等方式存储数据，Fulcrum Research 发现超过 80% 的企业创建的内容是非结构化信息（如电子邮件、联系人、语音、传真、项目文档、报价单等）。信息内容资产管理正在变得越来越重要，而在今天很多企业组织机构里，超过 80% 的非结构化信息仍保存在文件服务器、电子邮件服务器或者用户电脑中。据 IDC 研究发现——由于缺乏有效的内容管理，全球性公司员工花费超过 40% 的时间寻找需要的业务内容信息，在找不到其需要的信息时，又重新创建，使 70% 的内容被重新创建而不是有效地共享。

3.2 地学空间数据仓库的构建方法

3.2.1 地学数据仓库的设计过程

数据处理是地学研究中的重要内容之一，一般分为地质概念模型建立、原始数据预处理、数据综合与提取信息发现 4 个步骤。由于地学数据仓库中的数据是为地学决策和知识发现服务的，因此必须保证数据仓库中的数据质量（尤其是一致性），且数据结构及数据项的具体值应充分考虑用户未来的需求，需要对进入数据仓库中的数据进行各种处理。

根据软件工程和面向对象的思想进行设计和构建地学空间数据仓库时，应按照总体规划、需求研究、问题分析、仓库设计、数据集成、测试、部署的过程来实行。具体步骤如下。

（1）收集并整理地学数据，分析领域需求，给出可行性方案。

（2）选取并确定待建模的地学处理要求（如评价、分析、预测、数据共享、一体化服务等），考虑地学领域的全局和长远需求，并兼顾局部的特殊需求。

（3）系统化地分析已有数据模型，建立新的一体化存储的、科学的数据模型；

选择并确定对地学数据处理的粒度。此粒度是基本的，在事实表中是数据的原子级。

（4）选择并确定每个事实表中的维度。常用的地学维度有矿种、矿床类型、成矿区（带）、岩石类型等。

（5）选择并确定事实表中的度量。常用的地学度量有开采量、供应量、储量、资源量、流量等。

（6）制订实施计划并组织人力、物力、资金和软硬件资源。

（7）通过对地学空间数据的 ETL，将多源、异构的地学空间数据统一集成到建好模型的、标准化的地学数据仓库数据库中。

（8）使用真实的数据进行多方面的测试，检查是否符合原计划的参数要求。

（9）对集成后的数据进行进一步加工或对外提供服务。

3.2.2 地学数据仓库的构建模式

地学空间数据仓库可以使用自顶向下的方法、自底向上的方法或二者结合的混合方法设计。地学空间数据仓库构建复杂、周期长、费用高、难度大，必须从国家地学领域的全局出发，分步骤、分阶段、分层次、分目标、统一标准实施，采用可信度较高的反馈式平行开发模式。

反馈式平行开发是指在开发的起始阶段，设计一个考虑全国甚至全世界范围的整体性地学空间数据仓库模型，并且在它的指导下给出地区级数据仓库、省级数据集市的模型；以总体数据仓库模型为指导进行数据仓库和数据集市的建立，并把建立过程中碰到的问题、问题的解决方案和实施中形成的建议等信息反馈给整体性数据仓库数据模型，自上而下或自下而上统一进行随需调整。包括国家、地区、省份的全国性反馈式平行开发模式如图 3-2 所示。

国家地学空间数据仓库中的多维地学空间数据符合已经构建好的地学空间数据仓库数据模型，而宜昌、南京、成都、西安、天津、沈阳等地区级数据仓库模型也要符合国家级数据模型的要求，在一定范围内可以有本地化的地区级数据模型；省级数据模型也要符合国家级和地区级数据仓库数据模型要求，在一定范围内可以有本地特定的数据模型。如果地学空间数据用户或数据仓库实施人员对数据模型等有异议（如源数据发生变化，与定义的数据模型无法进行映射等），则可以从省级直接反馈给地区级、国家级地质数据中心。在国家级数据模型进行调整后，地区级和省级数据模型通过提取集中存储、分散式查询的地学空间元数据自动实现相应的改变。

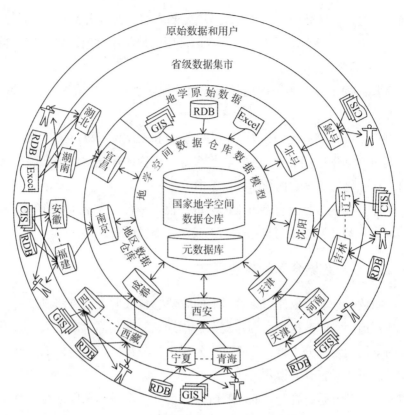

图 3-2　全国性反馈式平行开发模式

3.3　基于网格的地学空间数据仓库

3.3.1　地学空间数据仓库的体系结构

我国构建地学数据仓库的最初目标是发挥其抢救地质信息财产的作用，将原始数据全部按内容数据库保存，既可以按专题建立内容数据集市或仓库，又可以按全文搜索，还可以使用 Web 服务共享数据。要想对地学数据进行更深入的查询、计算、分析等操作，需要先对数据进行抽取（抽取：一般指要进行转换的数据从原始数据中复制；提取：从一个或多个数据源中根据条件获取）、清洗、转换、装载等操作。将经过处理、装载到地学空间数据仓库中的数据进行各种处理（如聚集操作），对地学空间数据进行在线分析 OLAP、空间数据挖掘等深层次的加工，将分析结果通过门户网站或移动设备等展现出现。

1. 地学数据仓库的结构

地学数据仓库总体由一个大的地学原始数据仓库（Geoscience Primitive Data Data Warehouse，GPDDW）和地学空间数据仓库（Geoscience Spatial Data Warehouse，GSDW）两大部分组成，如图3-3所示。

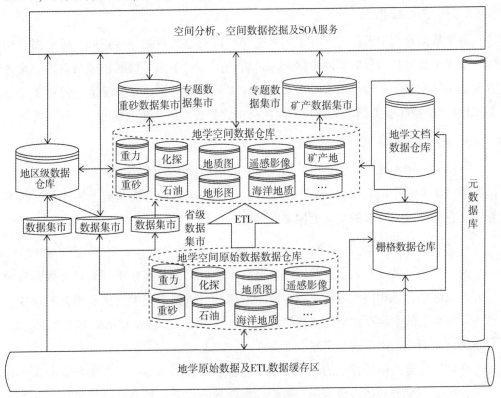

图3-3 地学数据仓库的体系结构

地学原始数据仓库以原始格式保存地学原始数据（仅在入库前进行了纠错等操作，原始结构未变）。地学空间数据仓库由经过抽取、清洗、映射、转换、装载等处理的地学数据组成，由基于对象数据模型的地学成果数据仓库和地学内容数据仓库两部分组成。基于对象数据模型的地学成果数据仓库采用面向对象思想进行设计，包括一体化存储的、按专题划分的地学属性数据和空间成果（矢量、影像、文档）等；地学内容数据仓库主要用于存储与地学空间数据仓库中的数据无缝连接的各种格式的非结构数据和影像数据等。

地学原始数据数据仓库可以作为地学空间数据仓库的数据源。地学数据仓库的数据源是各地区、省（市、自治区）提交的成果数据。

由于地学数据的海量性，考虑到目前数据的实际分布情况、海量数据的备份等问题，采用集中式和分布式并存的模式存储数据。为了方便访问及集中管理，所有的数据均在国家级地质数据中心保存一份，建立一个大的数据仓库；在地区建立地区级数据仓库，在省份建立省级数据集市。

2. 地学元数据

地学数据仓库中保存的所有地学数据均可以通过元数据进行查询，再根据查询的结果路由到保存目标数据的数据仓库进行访问。对于地学数据集成与共享，最佳方案是一体化存储，即把所有的空间数据（矢量和栅格等）转换成统一的格式（如ArcGIS），避免在服务器之间进行不同产品格式的转换所产生的问题。

3. 地学数据集市

可以灵活构建地学数据集市，如全国重要矿产预测项目可以建立基础数据集市、信息数据集市（中间成果）、成果数据集市。在基础数据仓库基础上构建信息数据仓库，在信息数据仓库的基础上构建成果数据仓库。

4. 地学空间网格数据库

网格作为一种分布式计算及资源共享技术，可以把分布在不同地理位置的各种资源集成起来，互相协作以解决更为复杂的问题。数据密集型网格利用大量地理分散的计算机上的空余存储空间来存储海量的科学数据集。网格技术能够整合海量的、分布的地质调查空间资源，实现全面共享。

存储网格是网格计算中的一个应用，它将多个数据库中的所有数据资源集中在一起，形成一个大的网格数据库，然后根据业务需求动态地供应这些资源，从而提高资源利用率。

Oracle Database 是目前业界内为网格存储定作的网格数据库，图3-4为基于网格存储的地学空间数据仓库，它使用硬件组件（存储和服务器）的方式对 Oracle 数据库进行了虚拟化，自动将集群化的存储器和服务器供应运行于网格中的不同数据库。作为数据的提供方，Oracle 数据库使用自动存储管理（Automatic Storage Management，ASM）、真正应用集群（Real Application Cluster，RAC）、数据缓存等技术，系统管理员可利用它们实现数据池，为用户和应用程序提供虚拟数据源，从根本上解决了海量存储和海量查询数据库级问题。

地学空间网格数据库由一个大的存储网格组成，数据实例可以位于局域网或广域网上，也可二者兼有。

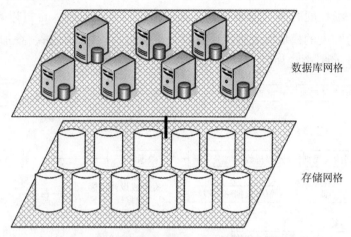

图3-4　基于网格存储的地学空间数据仓库

5. 自动存储

Oracle 数据库的自动存储管理功能简化了存储管理工作。通过存储管理细节的抽象化，Oracle 利用先进的数据供应改善了数据访问性能，且不需要 DBA 的额外工作。Oracle 数据库为 RAC 数据库内的服务提供自动工作负载管理，当在托管服务的例程间建立起连接时，RAC 数据库自动为这些连接执行负载均衡。

3.3.2　数据进入地学空间数据仓库的处理过程

数据集成与共享同生产制造的过程非常类似，数据处理的一个环节与一道生产工序类似，形成一个处理工作流，如图 3-5 所示。

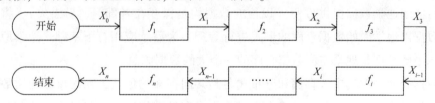

图3-5　数据集成与共享的处理流程

原始数据 X_0 进入第 1 道工序 f_1，经过处理后形成新的数据 X_1，即 $X_1 = f_1(X_0)$；X_1 既可以作为最终成果数据输出，也可以作为下一道工序的原始数据，X_1 经 f_2 处理后变成新的成果数据 X_2，依次类推。其规律为

$$X_n = f_n(X_{n-1})$$
$$= f_n(f_{n-1}(X_{n-2}))$$
$$= \cdots$$

$$=f_n\left(f_{n-1}\left(\cdots f_1\left(X_0\right)\right)\right)$$

f_n 可以是细粒度的单个记录查询、某个值的有效性判断，也可以是数据抽取、转换、装载等粒度的模块级处理，还可以是聚类分析、因子分析、叠加分析等深加工。地学数据 ETL 流程如图 3-6 所示。

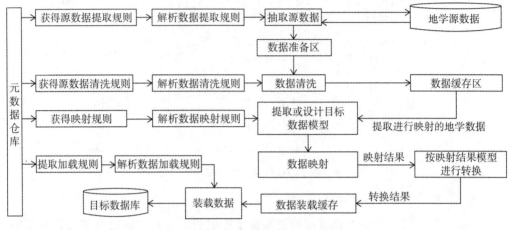

图 3-6　地学空间数据 ETL 流程

3.3.3　地学原始数据数据仓库

地学原始数据数据仓库主要用来保存地学原始数据，它不同于地学空间数据仓库，地学原始数据仓库内的数据是没有经过任何处理的原始地学数据。地学数据均以提交的最原始状态保存在地学原始数据仓库内，这些数据在进入地学原始数据仓库前要经过抽取、清洗和装载，但不经过转换处理。为了抢救地学领域的数据财富，为今后使用地学数据提供方便（以往的数据均是保存在各部门，易丢失），将所有地学数据以地学原始数据仓库的形式进行管理，为后续应用打下基础。地学原始数据仓库中的数据是地学空间数据仓库的一个大的数据源。

数据仓库采取集中式存储和分布式存储共同存在的形式，在国家级地质数据中心采取网格存储。因为从单个成本来讲，集中存储费用高，构建风险大；而分布式地学原始数据受到通信网络、维护单位管理等问题的限制，可能连接不上某些服务器，数据服务的质量不如集中式高，在网络状态好、服务器状态好的情况下，分布式存储比集中式好，主要是因为各服务器分散了用户访问压力，比都访问一个服务器效果要好一些。分布式主要向数据仓库提供新的地学数据或修正已有数据中的错误。对此数据仓库的修改是要经过严格审核的。

地学原始数据仓库中的数据可按专题对地质、地理、物探、化探等进行存储，如图 3-7 所示。保存在地学原始数据仓库中的数据，用户可以在权限允许的范围内，如同访问自己机器一样采用 Windows 目录模式进行访问，对于文档等还可以进行全文搜索、名称搜索等。当然可以根据用户的需求公布访问接口，对外提供最基本的数据浏览服务。

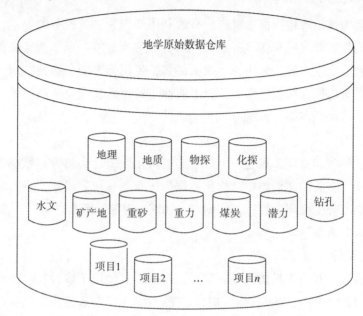

图 3-7　按专题组织的地学原始数据仓库

地学原始数据仓库专门设计了原始数据查错功能，指定专人负责，在发现错误或不准确的地方作记录并提交给系统，主管部门可以从门户中查到出错的项目及其专题、原负责人等，有利于数据的后期调整，从而保证数据的质量。

3.3.4　地学文档数据管理

1. 地学文档目前情况

我国地学领域有大量的成果报告文档、图片、演示文稿、电子表格，以及音频和视频剪辑、电子邮件，这些文档大多保留在个人的机器上，尤其是与项目有关的中间成果等，没有发挥其应有的作用。以往的地学数据管理一般关注关系型的属性数据和空间数据，而忽略相关文档的作用。

目前地学文档存在的问题为文档过于分散，无法控制和及时知道其内容的变化（有若干个不同的版本）；不同部门的多个文档中，有些相同的内容可能存在描述不一致的现象；文档格式不同，很少与相应的应用有机地集成起来；在不同项目中存在过多的重复，不利于地学数据决策，如不同项目中给出的全国煤炭各省资源量可能完全不同，不同的专家使用不同的评价方法，给出的资源量（334-1、334-2、334-3）可能存在差异；同一内容的描述在不同的文档中可能还存在冲突等。

2. 地学文档的应用要求

根据地学领域抢救地质信息财产、有效利用知识为决策服务的要求，应将所有的地学非结构化数据（除影像之外的文档等）集中存储在一起，为未来的预测、决策等提供有效的文字内容。采用企业级的部署，使用标准的、熟悉的用户界面去管理，所有的内容均保存在数据库中，为了能够与其他系统或业务流程（空间、属性分析）集成，应采用基于标准的基础架构。

1）分类管理

为了便于管理和查询，构建一个地学非结构化数据（文档等）数据仓库，专门用于保存与地学有关的文档类非结构化数据。按专题（或项目等）进行集中式的文档保存，可以实现生命周期管理，如创建、捕获、存储、版本、索引、管理、清理、分发、检索、分析等。

2）链式文件管理

通过所有主要开发工具访问存储数据，这些工具使用了多种被广泛采用的标准协议，如 HTTP/HTTPs、WebDAV、FTP/FTPs 等。为了节省磁盘空间，避免不必要的文件复制，可以创建并分发文件的链接，而不是复制原始文件，可以存储多个指向文件的链接。链接提供了访问原始文件的捷径，可以通过电子邮件将链接发送给其他用户。如果创建的是特定版本的链接，即使在创建链接后创建了更高版本，该链接也将始终指向此版本；如果创建的是版本化文件自身的链接，即保证该链接将始终指向最新版本的物理文件。

3）非结构化数据访问

对保存在数据仓库中的非结构化数据可以进行上传、下载、在线编辑、建立链接、建立目录等各种维护操作，还可以进行版本管理、共享权限管理（SSO、OID，基于组和角色的权限管理、基于文件夹的访问限制），支持文件名、目录名和全文搜索等，还可以通过跨库或 Web 服务实现属性库、空间库、影像库和文档库联合搜索。未来可建成地学内容数据仓库，基于 SOA 的地学内容数据仓库管理结构如图 3-8 所示。

使用地学内容数据仓库保存地学非结构数据（文档）具有以下优点：

（1）集中化信息访问代替传统的分散文件服务器和单个资料库归档管理；

（2）充分利用已有 IT 架构和资源，降低管理成本；

（3）快速部署以满足广大用户的需求；

（4）高伸缩性可适应大数据量；

（5）可以对保存在地学内容数据仓库中的各种格式的文档进行全文搜索，也可以进行文件名和目录的快速搜索，以及内容相关性的搜索。

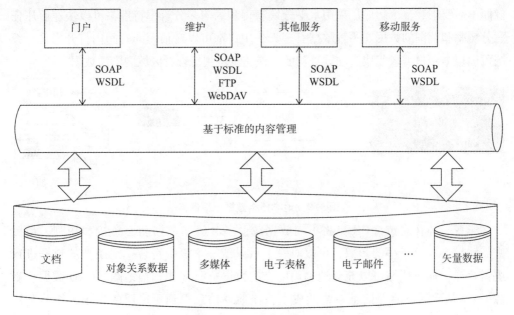

图3-8　基于 SOA 的地学内容数据仓库管理结构

3.3.5　地学影像数据管理

在地学领域中，地学影像数据具有"一图抵千言"的表达作用，但其数据量巨大、存储和处理的成本很高，很难在大规模范围内应用。保存在地学空间数据仓库中的地学影像数据以 TB 级计算，在线查询及分析等均很难达到预测效果。如果能够在保持原始影像数据不失真的情况下，减小其容量，就会解决上述问题。

使用优化小波算法的新一代压缩技术，压缩比率更高，图像损失更小。彩色影像压缩到原始数据的 3% 时，可以在视觉上没有损失；黑白影像压缩达到原始数据的 10% 时，在视觉上没有损失。可以在一个 2G 的文件中存储 60G 的彩色影像数据或 20G 的黑白数据。基于金字塔模式保存和查询栅格数据，效率非常高，不管数据有多大都可以在最短的时间（1s 左右）内打开选择区域的影像，不用为了管理大范围的影像而花时间拼接、切割，编写非常复杂的程序处理影像。

地学影像数据可用文件形式或记录形式保存。当一个影像文件压缩后小于 2G（可以大于 2G），不需要对影像进行分块存储，若保存到数据库中，每个影像存储为一个记录的大字段字段值即可，如图 3-9 所示。采用表结构存储，可以与其他数据库系统应用无缝集成，数据库的一致性和可移植性容易保证。数据库不仅可以保存影像数据位置、访问信息选装，还可以将影像文件直接保存在数据库中。影像数据的属性和影像本身都集成在数据库的记录中，可以非常快地使用流式在线访问影像而不需要下载整个影像。采用水平分块管理和纵向多分辨率特性，可以快速解压任意分辨率和范围的数据。不管数据有多大，用户都可以在很短的时间内打开影像。系统可以根据用户需求完成自动寻址功能，快速定位到想查看区域的影像数据。

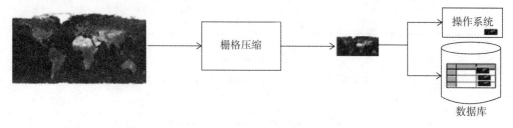

图 3-9　地学栅格数据压缩保存

影像一体化定位（UIL）将不同数据源、多分辨率数据动态拼接和切割，最后按需输出不同分辨率的影像，可以对一个目录或一个表中符合一定条件的数据进行逻辑合成。通过压缩可以充分地利用已有的数据资源（如扫描地图、CAD 数据、影像等），从而降低地理信息系统的成本，使地理信息得到更广泛的应用。充分利用影像数据将大大节省成本，丰富地理数据的表达，加快数据获取的速度，提高地理数据的有效性。可以利用地图、矢量数据对影像数据进行快速几何纠正；要实现高精度的正射纠正则需要 DEM，纠正过的影像数据可以用来更新矢量数据，提高数据的生产效率，有效降低成本。

现有地学栅格数据 R、容量共为 nG，将此集合保存到数据库或操作系统中。压缩栅格数据文件，将压缩后的数据保存到操作系统或数据库中。

栅格数据压缩和保存的程序如下：

```
for R_i ∈ R
{
    if R_i.Volumn > 2G then
      D=Cut（R_i, size）; //size 每块大小，可以大于2G
    else
      D=R_i;
    if saveType == ´os´
      SaveIntoOS（D, fileName, Property）;
    else
```

```
SaveIntoDatabase (D, name, PropertyEntity);
R_i.next;
}
```

将数据切成指定的矩阵小块，读取信息时可以按区域查询。采用流式进行读取，读取的同时解压缩并进行显示，解压缩的速度很快，且可按请求的区域进行寻址提取显示，自动将切开保存的多个文件或记录拼接成原来的大文件，如图 3-10 所示。

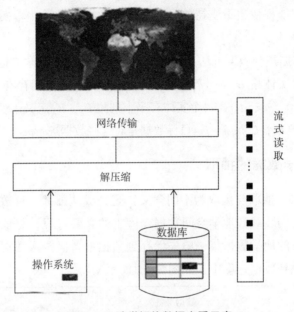

图 3-10　地学栅格数据查看示意

3.3.6　地学数据的存储机制

海量地学数据保存在地学数据仓库中，一个表中可能存在几千万甚至上亿条或更多的记录，对于数据的维护和查询均有影响。为了加快维护和检索，可以采用表分区进行管理。设有一个大的地学数据集合 A，容量为 n，现要保存到地学数据仓库中，为了保证保存、更新、查询的效果，采用分区方式存储。地学数据仓库存储区为 P，总容量为 t，P 分成若干个区，即 $P= \{P_1, P_2, \cdots, P_m\}$，$P=P_1 \cup P_2 \cup \cdots \cup P_m$，而 $P_i \cap P_j = \varnothing$，$i$，$j=1$，$2$，$\cdots$，$m$，$i \neq j$。若 A_i 保存在 P_i 上，则在查询 A_i 中的数据时，不必进行全盘搜索，根据索引直接找到 A_i 中某子集存储的位置（P_i 所在的区）。

另外，保存到数据仓库中的地学数据有很多数据的内容是相同的，为了减少数据库的容量及缩小检索的范围，可以对保存到数据库中的数据进行压缩，减少数据量，在检索时再将检索的结果进行解压缩。由于压缩和解压缩均是在数据库级进行的，没有应用程序与数据库的I/O操作，所以速度很快。

3.4 多源异构地学数据的抽取与清洗

要将数据源中的数据装载到数据仓库中，首先要经过数据抽取。数据仓库是为数据挖掘和商务智能提供决策支持的，为了保证数据质量，在转换和装载前必须对数据进行清洗。

设地学原始数据集合 $D = \{D_1, D_2, \cdots, D_n\}$，每一种地学数据即集合中的任意一个元素中均包含实体集 $D_i = \{d_1, d_2, \cdots, d_{m_i}\}$，实体之间存在关系集 $R = \{R_1, R_2, \cdots, R_p\}$，$R_i = f(d_i, d_j)$，每个实体有多个列集 C_k，R_i 定义了两个实体的某个列的关联关系 $R_i = g(C_i, C_j)$，$i \neq j$。目标数据是对这些数据进行 n 个操作后得出的。

3.4.1 地学数据的抽取

地学数据抽取（抽取与提取为不同含义）是完成从外部各种数据资源提取地学数据子集，并将它们装载到地学空间数据仓库中的必要过程，是地学空间数据仓库成功的关键，抽取的地学数据集一般先保存到数据准备区内，数据进行清洗、转换和集成后，再装载到数据仓库中，如图3-11所示。

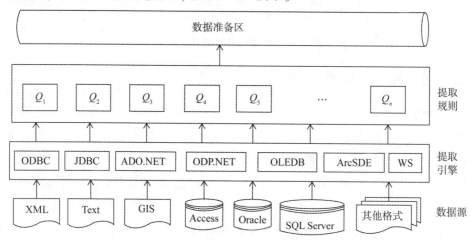

图 3-11 原始地学数据的提取模式

数据提取是根据某个规则 Q 提取出符合要求的数据集 A，此数据集是提取对象集 D 的一个子集，即 $A \subseteq D = Q(D_i)$ 或 $A \subseteq D_i = Q(d_i)$。提取规则 Q 可由一个或多个子规则及规则组合集组成，即 $Q = (q, R)$，R 是子规则之间的关系（如与、或等）。

D_i 或 d_i 是数据提取时输入的一个或多个数据集（数据源），根据规则组合集生成临时的数据集 F，F 经过规则 Q 筛选后得到目标数据。由于地学数据中存在着大量的空间数据，而空间数据的提取与结构化属性数据提取方法不同，因此其提取需要使用专门的空间提取工具。

设 S 为地学空间数据源，$S = \{S_1, S_2, \cdots, S_n\}$，$S_i$ 为某一个数据源，数据源 S_i 的结构、类型等均可能不同。由于数据源不同，故在进行数据提取时不同的数据源要通过相应的接口（驱动程序）建立各自的连接通路（通过规则引擎），再通过连接从数据源中提取符合规则的原始数据。常用的驱动程序或中间技术有 ODBC、JDBC、ADO. NET、ODP. NET、ArcSDE、Web 服务、消息等。

3.4.2　地学数据的清洗

1. 地学数据清洗的原因

地学数据仓库中保存的数据是地学决策支持系统的数据源，应是海量翔实而正确的业务数据。但由于各方面的原因，从地学数据生产单位提交上来的地学数据中可能存在着"脏"数据（存在错误或不一致性等）。错误或不完整的数据必然产生不可靠的分析和挖掘结果，进而导致错误的决策。因此，必须在地学数据进入地学空间数据仓库为决策支持提供服务之前进行数据清洗，以改进数据的质量，提高挖掘的精度和性能。

2. "脏"数据

"脏"数据是指不完整的（缺少属性值）、含噪声的（包含错误或存在非期望的孤立点值）、不一致的（如盆地名称）地学数据；不完整的数据一般由于数据获取不全、录入不完整等原因产生。含有噪声可能是数据采集设备、人工录入、数据传输、命名或代码不一致等造成的；不同的操作人员、不同时期录入相同的内容，同一数据（如塔里木盆地）可能会产生不一致现象。

3. 数据清洗的定义

数据清洗可被描述为从大量原始数据中使用一系列的逻辑检测出"脏"数据并修复或丢弃之，它按照标准对数据进行格式化处理，是 ETL 工具的重要功能。根据预定义规则完成清洗任务，以达到提高数据质量的目的。数据清洗可通过填写空缺的值或默认值，修正全角、半角，剔除孤立点，核实主键和外键关联等来完成清洗任务。

4. 数据清洗规则及其组成

1）数据清洗规则

由于逐个判断海量地学数据中每条记录的每个数据项是不现实的，所以仅靠 if-else 判断语句或人工判断很难完成清洗任务。而且，随着时间的推移，业务判断的要求会产生变化，即判断条件会变化，重复原编码实现的维护系统也不科学。为了适应需求的发展和变化，需要构建灵活动态的判断机制，建立数据清洗规则库进行数据清洗，可以灵活定义清洗规则，随时调整清洗的规则。

2）数据清洗规则的组成

数据清洗规则由两部分组成：用于检测"脏"数据的逻辑规则和对"脏"数据采取的动作（修复或丢弃）的描述。可以用大量的清洗规则和约束来描述数据清洗过程，即审计、筛选和修复。基于规则的数据清洗技术能够处理各种数据质量问题。数据清洗的结果是符合要求的数据进入待映射及转换的缓存区，不符合规则的数据要给出列表，甚至给出建议。为了下一步的数据模型映射及转换，结构化的地学数据（属性数据、矢量数据等）提取出来进行交换时采用 XML 格式，非结构数据还保持原有状态（文档、栅格等）。基于规则库的数据清洗模型如图 3-12 所示。

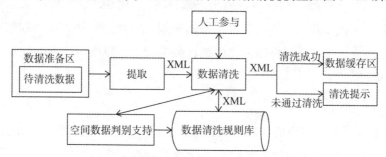

图 3-12　基于规则库的数据清洗模型

对于空间数据的清洗要比属性数据更为困难和重要，因为地学上许多地质体的位置、形状等均是由空间有序坐标对 (x, y) 描绘的，这些坐标对的正确性和精度直接影响成果表现的真实性和分析的准确性；重点检查空间数据与属性数据的一致性、属性数据与报告中的数值、网络拓扑等。在判断数据时不但要考虑其坐标系、投影等，还要联系地质背景。地学空间数据表中有地理经度的数据要判断其坐标系，判断其是否在国界内，数据是否有效等。精度等要求高的要在专业图形处理软件中进行验证。

由于地学数据的特殊性，文档、栅格等非结构化数据的清洗主要以人工为主，要参照其产生的背景，在可能的情况下对照原始数据进行核实。数据清洗是要面向主题的。矿产地专题的名称是不可重复的，而清洗地理底图的数据时，构成一个完整区域时的封闭曲线坐标值就可能有相同的。

3）数据清洗规则的实现方法

清洗规则的实现主要使用两种方法：一是将规则保存在清洗规则数据库中，二是将规则作为资源注入系统中。清洗规则可以定义为公用的或某主题专用的。系统首先从元数据仓库中取出指定的清洗规则，由规则解析模块进行解析，解析后的规则以清洗队列的形式存在，原始数据集进入后逐个经过队列中的每一个清洗规则，最后输出干净的数据集。清洗规则使用时采用产生式 $p{\rightarrow}q$ 规则模式。

3.5　多源异构地学数据建模及转换

3.5.1　地学空间数据模型

地学空间数据仓库采用 Oracle 空间数据库存储数据，采用 Oracle 空间数据库的面向对象特征和空间特性来保存地学空间数据，从而使用它嵌在 Oracle 空间数据库内强大的空间处理能力。矢量类型的空间数据在 Oracle 空间数据库中一般保存在空间数据对象的几何类型 SDO_GEOMETRY 中，而栅格数据则由 GeoRaster 来处理，网络功能和拓扑功能分别由 Network Model 和 Topology Model 处理。因为 Oracle 空间数据库是面向对象的空间数据库，所以采用面向对象设计的数据模型可以重用，其对象（如表）可以拥有许多功能强大的方法。

Oracle 空间数据库使用 SDO_ GEOMETRY 类型的列来存储空间元素（点、线、面），使用 SDO_ GEORASTER 存储、索引、查询、分析栅格数据。一个地学空间数据表中一般使用 SDO_ GEOMETRY 类型的列保存要素的空间，其他字段保存其他的属性。

MDSYS. SDO_ GEOMETRY 对象类型被定义为：

```
CREATE TYPE SDO_ GEOMETRY AS OBJECT (
SDO_ GTYPE Number,
SDO_ SRID Number,
SDO_ POINT SDO_ POINT_ TYPE,
SDO_ ELEM_ INFO MDSYS.SDO_ ELEM_ INFO_ ARRAY,
```

SDO_ ORDINATES MDSYS.SDO_ ORDINATES_ ARRAY）；

（1）SDO_ GTYPE 用来表示空间元素的类型；

（2）SDO_ SRID 用来描述空间元素所采用的坐标系统；

（3）SDO_ POINT 用来存储点元素，即如果要存储的空间元素是线或面，该项为空，否则该项存储点元素的坐标；

（4）SDO_ ELEM_ INFO 描述线元素和面元素坐标的存放顺序，点元素的该项为 NULL；

（5）SDO_ ORDINATES 存储线和面元素的空间坐标，点元素的该项为 NULL。

矿产地矢量数据类型可定义为：

```
Create Type MineralType AS Object (
ID Number,
Name Varchar (50),
Geometry SDO_ GEOMETRY,
Traffice Varchar (500),
⋮
);
```

使用此类型可以创建其他的类型，也可以创建此类型的实例，即创建具备此类型的表。还可以使用 MDSYS. SDO_ GEORASTER 对象类型作为保存栅格数据的字段类型。

3.5.2　地学空间数据模型映射

地学空间数据模型映射就是要建立地学数据源模型 S 与目标模型 D 之间的对应关系。实例转换就是要将按照源模型 S 生成的元数据实例文件 F_1 转换成目标模型 D 的实例文件 F_2，且 F_2 是一个满足目标模型 D 的有效 XML 文件。可以看出模型映射与实例转换是互相关联的，模型映射的结果是实例转换的基础。因此，将模型映射和实例转换结合在一起来完成模型的映射与转换。

1. 模型映射

模型映射一般只从源数据模型映射到目标数据模型，特殊情况下也可能存在目标模型到源模型的映射，本书只讨论源模型到目标模型的模型映射。由于地学数据在一体化存储时，为了规范化与为未来的决策支持提供科学的数据源，可能会将一个或多个属性模型的列与空间模型、栅格模型、文档等组合成一个面向应用的数据模型。当然也存在将一个模型分解到多个目标模型中的情况。

2. 模型映射的方法

目前，模型映射一般都是基于 XML 的。数据库中的单个属性表映射 XML Schema 中的一个元素，如图 3-13 所示，表中的主元素可不映射或者映射为该元素的属性，表中的其他元素映射为该元素的子元素或属性。具有外码的属性表所映射的元素映射为作为以该外键为主码的所映射成的元素的子元素，外码一般不映射。进行模型映射时要考虑表名、列名、数据类型、长度、空值、关联关系等。

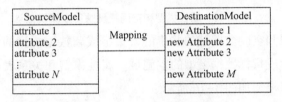

图 3-13 单个属性表的映射

一个关系映射到目标模型中的属性数量与源模型中的属性数量可能相同，也可以比原来少或多，域的数据类型和长度也可能有一定的变化，如图 3-14 所示。设 A 为 $m \times n$ 的元组，$f: A \to B$，B 为 $m \times p$ 的元组，称 f 为 A 到 B 的映射，$p \leqslant n$。

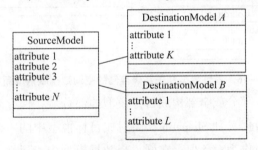

图 3-14 一个属性数据表映射成多个属性表

一个大的模型根据规范化、合理化设计，可能分解成多个新的数据模型，其映射模式为：$f: A \to \begin{matrix} A_1 \\ \cdots \\ A_n \end{matrix}$，$A_1 \cup A_2 \cup \cdots \cup A_n \subset A$。由一个或多个属性模型和一个或多个空间模型映射成一个新的模型，如图 3-15 所示，其映射模式为：

$$f: \begin{matrix} A \\ \cdots Z \\ N \end{matrix}, (A_i \subset A) \cup (B_i \subset B) \cup \cdots \cup (N_i \subset N) \subset C$$

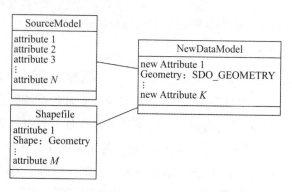

图 3-15　属性模型和空间模型映射成新模型

由属性数据域和空间数据域的并集的子集组成新数据模型的域集，而空间数据的一个空间域映射成目标数据模型的空间域。属性模型和关系表存储的空间数据映射成新模型的映射模型如图 3-16 所示。

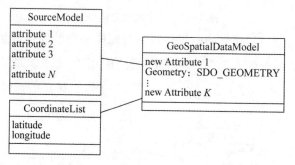

图 3-16　属性模型和关系表存储的空间数据映射成新模型

属性模型域的一部分或全部构成目标模型的部分域，保存若干条经度和纬度信息的关系表或空间数据（如 Shapefile）映射成目标模型中的一个空间列作为空间数据，而栅格和文档也作为对象保存在同一个数据模型中。属性、栅格和文档等映射成一个模型，如图 3-17 所示。

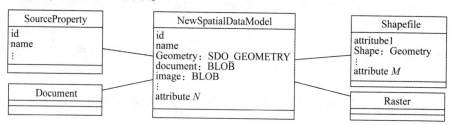

图 3-17　属性、栅格和文档映射成一个模型

为了管理上的方便，可能存在文档和栅格等映射到另一个数据模型中，属性和矢量数据映射到同一个数据模型中，由于它们是关于同一主题的内容，所以要建立它们的关联，即两个新的数据模型通过某个列建立关联。属性、栅格和文档映射到不同模型且建立关联，如图 3-18 所示。

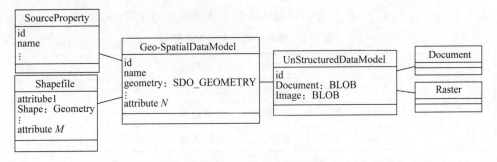

图3-18 属性、栅格和文档映射到不同模型且建立关联

将源模型映射到目标模型的模式数据作为映射规则保存到映射规则库中，映射元数据的元组为 M {源表位置，源表名，列名，数据类型，长度，目标表位置，目标表名，目标列名，新数据类型，长度}。重砂数据新旧数据模型的映射模型如图3-19 所示。

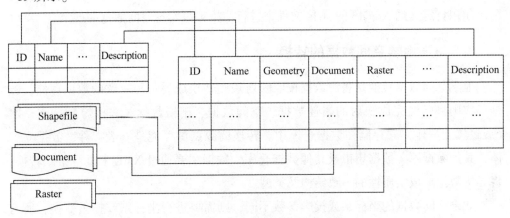

图3-19 重砂数据新旧数据模型的映射

3. 数据编码

不同地学数据库的编码方式各不相同，将这些语义等集成到一起较为困难，并且需要统一编码。若必须集成到一起，其中起主导作用的实体某个域的编码在统一时，传统硬编码重用性低，与主题耦合性过强。

在数据仓库内的编码可使用自定义编码规则，即建立规则库，通过顺序访问规则库中的编码生成规则来生成目标码，保存在元数据仓库中，有代表性的规则实体为规则主表 {编号，规则名，创建时间，创建用户，使用状态，标识表，标识列}，规则 {编号，序号，表名，列名，类型，生成模型，计算方法，步长，连接串}，其中类别可以是国家标准、国际标准、自定义标准等；生成模式可以是直接取值、最大值、最小值、平均值等，运算符可以是加、减、乘、对数等计算方法；间隔可以是""""-""（""""）"等。预测区编号生成规则序列见表3-2。

表3-2　预测区编号生成规则序列

ID	SID	表名	列名	类别	生成模式	方法	步长	间隔
1	1	省份	代码	国家标准	取前两位	字串加		''
1	2	矿种	代码	国家标准	直接取值	字串加		''
1	3	最值	编码	自定义	取最大值	数值加	1	''

若省份前两位为11，矿种代码为1001，编码最大值为80，则计算得出的编码为11100181。

将地学中可能用到的所有图元的描述信息及编码信息保存在数据库中，而表达的数据（图形或图像）既可以保存在数据库中，又可以保存在操作系统里。在维护或展示时，通过描述或编码提取出对应的显示数据（从操作系统或数据库中提取）。可以使用自定义的 ArcGIS 的 style 文件来进行渲染，以实现空间数据的展示。

3.5.3　地学空间数据的转换

地学空间数据转换是将源数据按照映射规则转换成另一种一致的数据存储，数据集成则将已经完成映射的属性数据、空间数据、栅格数据、文档等融合在一起（或逻辑上一体）并存储在数据仓库中。转换的数据源可能是一般文件、数据立方体、其他数据库、数据集市或其他数据仓库。数据主要通过 XML 来进行格式转换，将异构数据形成实质性的一致结构及类型。

如果空间数据的坐标系或投影参数不同，则需要进行坐标系或投影变换，所有空间参数一致才能正常提供服务。若在查询时进行转换则影响系统响应的速度。在转换和集成的过程中，要再次检查数据的匹配程度、数据的冗余情况。

处理、映射后的数据要进行转换和集成，此时需将 XML 文档映射为相应系统的数据结构，其映射过程取决于 XML 文档组件与其他数据结构组件之间的对应关系，可以利用接口技术编译 DTD/XML Schema 自动映射为相应系统的数据结构。

转换数据时要记录转换元数据，将转换元数据保存到元数据仓库中。转换元数据包括表的来源、原名和新名，表中原字段名、原类型、现名、现类型、转换的操作类型，操作员，转换时间等。多个表合成一个表时要记录转换后保存在新表中的位置或名称。

3.6 多源异构地学数据的装载及刷新

3.6.1 地学数据仓库中的数据装载

数据仓库能够高效地装载数据。向数据仓库中装载数据有两种基本方式：通过语言接口一次装载一条记录和使用工具批量装载，如图3-20所示。一般而言，使用工具装载数据是比较快的，如 SQL Server 数据库的 bcp 命令及其导入导出工具，Oracle 的 imp/sqlldr、MapBuilder、Oracle 数据泵、ODI 等工具。

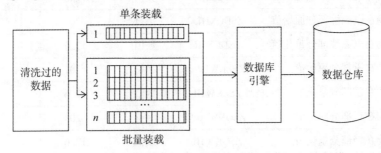

图3-20 数据装载模式

由于地学数据量比较大，在装载时可能是海量数据（几十或几百吉字节，甚至达到太字节），此时必须考虑数据装载的容量负荷问题，使用并行装载，将要装载的数据分成几个工作流。对输入的数据进行划分后，每个工作流独立于其他工作流执行。将数据分为几个工作流，可以降低装载数据所消耗的总时间。

高效装载海量地学数据时，还可以在进入抽取-转换-装载（ETL）流程进行装载前，将其放到各种地学数据集中，存放到一个数据缓冲池。在这里可以对这些数据进行最后的处理（编辑、汇总等）。需要注意的是在装载数据时，索引也必须同时或稍后载入，

由于目标地学数据仓库和数据集市选择使用 Oracle 空间数据库和 Oracle 内容数据库，转换后的 XML 格式数据保存在起临时缓冲功能的 Oracle 数据库中，使用 JD-BC、ODP. NET（Oracle Data Provider For. NET 是 Oracle 公司提供的 . NET 与 Oracle 开发的工具，比微软提供的 ADO. NET 优化好，速度快）、ArcSDE、PL/SQL 等将数据装载到地学数据仓库中；其中空间数据加载可以使用上述数据引擎，也可以使用其他批量加载工具，如 Oracle MapBuilder。另外将以 XML 形式映射后的属性数据和

空间数据加载到地学数据仓库中作为本书设计的地学数据 ETL 工具。

使用 20 万重砂样品鉴定结果数据作为数据装载测试，重砂样品鉴定结果的数据结构、部分数据，及装载时间对比见表 3-3 ~ 表 3-5。

表 3-3　重砂样品鉴定结果的数据结构

序号	数据名称	数据代码	数据类型	数据长度	备　注
1	统一编号	PKIAA	字符	10	
2	重砂矿物代号	ZSKWM	字符	12	
3	重砂矿物物性	ZSKWSX	字符	240	
4	矿物在磁性部分原始值	ZSCXHLC	字符	20	
5	矿物在磁性部分量化值	ZSCXHL	数值	12.6	
6	矿物在电磁性部分原始值	ZSDCXHLC	字符	20	
7	矿物在电磁性部分量化值	ZSDCXHL	数值	12.6	
8	矿物在重部分原始值	ZSZKWHLC	字符	20	
9	矿物在重部分量化值	ZSZKWHL	数值	12.6	
10	矿物在轻部分原始值	ZSQKWHLC	字符	20	
11	矿物在轻部分量化值	ZSQKWHL	数值	12.6	
12	标准化值	ZSZZL	数值	11.6	数据单位为 10^{-6}
13	备注	PKIIZ	字符	240	

表 3-4　重砂样品鉴定结果的部分数据

编号	矿物代号	矿物物性	磁性部分量化值	电磁性部分原始值	电磁性部分量化值	重部分量化值
2301003006	N-52-［31］	钛铁矿	0		0.5	0
2301003033	N-52-［31］	石榴石	0	几十粒	30	0
2301003037	N-52-［31］	磁铁矿	0.95		0	0
2301003037	N-52-［31］	钛铁矿	0		0.1	0
2301003037	N-52-［31］	褐铁矿	0		0.15	0
2301003037	N-52-［31］	石榴石	0		0.05	0
2301003037	N-52-［31］	榍石	0		0.15	0

表3-5　重砂数据装载时间对比表

装载数	单条装载时间/s	批量装载时间/s
1 000	1	0.02
5 000	6	0.04
10 000	13	0.10
20 000	26	0.19
30 000	40	0.84
50 000	65	2.17
100 000	133	10.09
200 000	262	7.87
500 000	1 062	36.38
1 000 000	1 459	41.60
2 500 000	3 280	114.94

单条装载数据到数据仓库的速度相对较慢，而批量装载数据到数据仓库的速度非常快，比单条装载的速度平均要快30倍。

3.6.2　地学数据 ETL 工具模型及初步实现

由于各 GIS 厂商提供的空间数据装载工具不能装载随机生成的带有空间数据的实体，故装载需要进行多次操作，在装载后还要对数据库实体进行模型修改、关联修改等。基于 UML 设计了地学空间 ETL 框图，如图 3-21 所示，它是专门用于加载映射及转换后的属性和空间数据（ArcGIS Shape），并将实体关联到 Oracle 空间数据库。其采用面向对象语言 C#实现，支持栅格数据、文档数据、拓扑数据的 ETL 等。

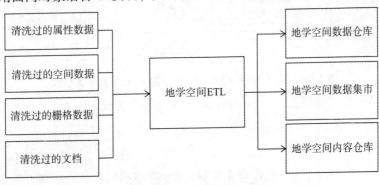

图 3-21　地学空间 ETL 框图

GeoSpatial ETL 工具的模型包括抽取（E）、转换（T）、装载（L）三个关键过程，中间生成的过程数据可以保存在内存中、本地的临时数据库或 XML 等文件内，当然也可以将 TL 合并，即将抽取的结果直接保存到地学空间数据仓库的一个临时区域内，再转换和装载就要比平常快许多。地学空间 ETL 模型如图 3-22 所示，地学空间 ETL 工具组成如图 3-23 所示，基于模型–视图控制器（Mode–View Controller，MVC）模式的地学空间 ETL 工具实现模式如图 3-24 所示。

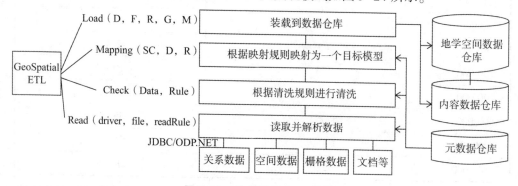

图 3-22　地学空间 ETL 模型

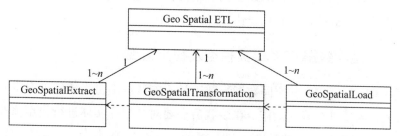

图 3-23　地学空间 ETL 工具组成

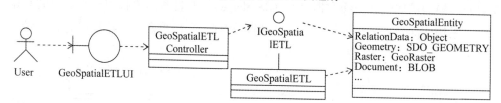

图 3-24　基于 MVC 模式的地学空间 ETL 工具实现模式

基于 MVC 模式实现的 GeoSpatialLoad 工具的一个装载方法为：

```
public static string Load (D, F, R, G, M)
{
    //D—关系数据；F—空间要素数据；R—非结构化数据（栅格、文档）；
    //G—目标集合模型；M—映射的元数据；
```

```
gc =G 的集合

  for  D_i ∈ D
  {
      F_i =" select * From F Where ID=D_i.ID";
      g.geometry =F_i as SDO_ GEOMETRY;
      g.raster =R.raster as GeoRaster;
      g.document =R.document as BLOB;
      gc.add (g);
  }
SaveIntoDataWarehouse (gc);

}


public string SaveIntoDataWarehouse (GeometryCollection gc)
  {
    while (gc.hasNext () )
    {
      p =gc.next () as PotentialEntity;
      String sql =" Insert Into Potential Values (?,?,?,? ……) ";
      ps =con.prepareStatement (sql);
      ps.setString (1, p.getId () );
      ps.setString (2, p.getName () );
      STRUCT location =JGeometry.store (p.getLocation (), con-
nection);
      ps.setObject (3, location); //保存空间数据
    }
}
```

3.6.3 地学数据仓库中的数据刷新

地学数据仓库中保存的是与现有生产系统脱离的数据，其访问注重数据查询，不存在频繁的更新。地学数据不断产生新数据，产生的新数据要追加到数据仓库中，

而保存在数据仓库内时间比较久的数据可能需要删除；有一些数据可能由于清洗规则不完善，存在错误，也可能需要小范围的更新等。系统会自动将所有的更新动作都记录到数据仓库日志中。可以使用数据仓库的管理工具对数据进行修正或使用ETL 工具将新数据装载到数据仓库中。

第4章
地学空间数据 OLAP

地学空间数据仓库是用来保存海量地学空间数据的容器，为地学数据分析、决策等提供源源不断的数据。地学数据进入地学空间数据仓库后，一般很少更新，主要作为查询、分析的源数据。可以使用 OLAP 对地学数据进行较为复杂的多层次、多角度的分析，利用地学数据的多维性采用数据立方体（Data Cube）组织数据，为地学空间数据挖掘奠定基础。

4.1 OLAP 基础知识

4.1.1 OLAP 概念

在线分析处理（On-line Analytical Processing，OLAP）是一种面向数据仓库的快速查询分析技术，用于对数据仓库中的数据进行汇总处理，满足特定的查询和报表需求，是重要的分析工具。其核心是维，它可以从多个角度（维）来观察和分析数据，故常把 OLAP 称为多维分析。OLAP 操作不仅涉及大量的数据，还要对数据进行映射、连接、分组等复杂处理，这需要大量的时间和服务资源。为了节省实际操作过程中的时间，提高效率，OLAP 操作一般先进行预处理。

OLAP 操作的核心是数据立方体，数据立方体将来自于不同领域的多维数据即地理空间数据和多个不同领域的专题数据，按维形式组成一个易于理解的数据立方体，用三维或更多维来描述一个对象，每个维彼此垂直，而用户所需的分析结果就发生在维的交叉点上。数据立方体是一种多维数据结构，它以多维分析为基础，用具有层次结构的多个维来表达和聚集数据，满足了在管理和决策过程中对数据进行多层面、多角度的分析处理要求。OLAP 数据模型如图 4-1 所示。

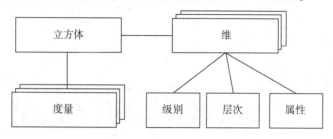

图 4-1　OLAP 数据模型

维是人们观察对象的角度，如果观察商场每天销售额的变化，时间是一个维；关心每种商品销售情况，产品类别是一个维。销售额在不同连锁店分布的商业数据立方体结构如图 4-2 所示。

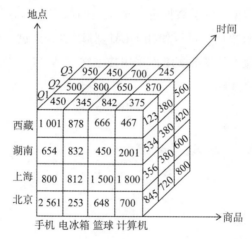

图 4-2　商业数据立方体结构

数据立方体的计算分析结果可以预先保存起来，在用户分析数据时直接使用，以提高其工作效率，这称为数据立方体的物化（Materialization）。同理，如果事先抽取出有关的地学空间数据进行汇总并存储在数据立方体中，在进行决策时就可以从不同角度、不同粒度上直接观察和分析这些数据，大大提高数据分析的效率。

对数据立方体的典型操作有下钻（Drill Down）、上卷（Roll Up）、切分（Slice and Dice）、数据透视（Pivot）等，这些操作被称为 OLAP 技术。OLAP 技术是数据仓库处理和分析数据的主要技术，可以分析多维数据，生成报表，概括和聚集数据，作为数据挖掘的部分技术。分类、关联等数据挖掘技术是 OLAP 技术的扩展。

OLAP 根据所使用数据库的物理结构不同而分成 MOLAP 和 ROLAP。MOLAP 使用多维数据库管理系统来管理所需的数据或数据仓库，依靠维生成数据立方体或超数据立方体，可以对数据立方体进行各种操作，从而满足用户的要求；ROLAP 采用关系型数据库，将多维数据库的多维结构划分为事实表和维表。另外还有 DOLAP 和 HOLAP，目前常用 MOLAP 和 ROLAP 组合形成的 OLAP。

4.1.2 空间数据立方体

将空间维引入数据立方体形成空间数据立方体，由于 GIS 分析的要求越来越高，国内外专家将 GIS 技术与 OLAP 技术结合成 SOLAP，兴起了对空间数据立方体的研究。空间数据立方体思想主要来源于数据仓库、可视化和 GIS 等技术，还有空间数据仓库、OLAP 分析、地图可视化等相关技术。空间数据立方体是空间 OLAP 的核心，它将来自不同领域的地理空间信息、专题信息 1、……、专题信息 n 等按维的形式组成一个易于理解的超数据立方体，用地理空间维、专题维、时间维等来描述空间对象，每个维互相垂直，用户所需的空间分析结果存储于维的交叉点上，通过维的不同操作可产生不同的空间分析结果，以满足多维信息空间分析和概括性分析的需求。

空间数据立方体的维由非空间维和空间维组成。设土地类、地区（空间维）、时间三个维决定土地面积的大小和变更情况，其空间数据立方体结构如图 4-3 所示。

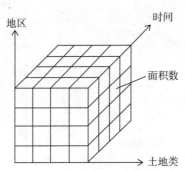

图 4-3 土地类、地区、时间三个维组成的空间数据立方体结构

空间数据立方体可以用数字度量也可以用空间度量，可以进行上卷、下钻等分析操作。

4.2 地学空间数据立方体

4.2.1 地学空间数据立方体建立的难点

空间数据立方体的研究在国内刚刚开始，而地学空间数据立方体目前还是一片空白。这主要是由于地学领域本身的专题特性所决定的，最主要有以下两个问题。

（1）时间维一般很难在地学领域使用。大部分地学数据几年甚至几十年不变，如果使用成矿时代（以万年为单位）作为时间维则有些数据不适合作为度量。

（2）很多值不适合作为度量。虽然有一些量的名称相同，而且保存在一张表中，但是不能进行分析运算。预测区查明资源量（部分）见表4-1。数据保存在一个数据库表中，但是由于每一个矿种对基础储量、储量、资源量的定义和界定不同（甚至单位也不一样），因此只能进行单矿种某项算术计算（如相加），而不能进行多矿种单项或多项的算术运算。

表4-1 矿产资源查明资源量（部分）

矿种	预测区编号	预测区名称	基础储量	储量	资源量
煤炭	11100100001	京西	118 457	95 266	1 099 436
煤炭	11100100002	京东三河	46 682	30 168	160 763
煤炭	12100100001	蓟玉	39 423	0	98 452
煤炭	12100100002	津南	0	0	2 869 700
煤炭	13100100001	开滦	419 166	367 166	1 639 982
石油	1003011301	渤海湾盆地	27.979	7.364	113.571
石油	1003012307	松辽盆地	28.096	6.064	72.019
石油	1003012312	依兰-伊通盆地	0.071	0.037	0.333
石油	1003024210	江汉盆地	0.417	0.075	1.319
石油	1003025105	四川盆地	0.069	0.023	0.871
石油	1003026101	鄂尔多斯盆地	3.836	2.074	20.792

矿种	预测区编号	预测区名称	基础储量	储量	资源量
钾盐	51555000003	四川邛崃市平落坝含钾卤水	454.81	0	0
钾盐	53555000001	云南思茅专区江城县勐野井钾盐矿	1 183.3	289.9	218.1
钾盐	54555000002	西藏阿里地区革吉县扎仓茶卡硼矿	0	0	11.9
铁矿	11200100017	密云区蔡家洼铁区	3 025.9	3 025.9	1 221
铁矿	11200100018	密云区水峪铁区	3 237.1	3 205.6	225.1
铁矿	13200100062	遵化市石人沟铁矿区石人沟矿	25 249.7	22 749.3	12
铁矿	13200100063	遵化市石人沟铁矿区花椒园矿	1 085.8	858.3	31.3

4.2.2　地学空间数据立方体的维

1. 维的基本概念

数据立方体以多维对数据建模和观察，由维和事实表定义。维是人们观察和研究对象的角度，如时间、所属地区、产品等可以作为传统商业数据立方体中的维。在一个数据立方体中可以有 1 个或多个维（超数据立方体）。

地学空间数据立方体包括地理信息，根据数据中是否使用空间信息，可将维度分为非空间维和空间维。空间维在传统的商业数据立方体中一般不存在，而地学空间数据立方体如果没有空间维，则与传统数据立方体一样，就无法体现地学空间数据仓库的数据在空间上的分布特性。维数据立方体中的概念模型是以维表形式出现的，一个维对应一个维表，在事实表中保存的是维的键。

2. 非空间维

地学空间数据仓库中的数据不但数据量大，而且种类非常多，是按专题进行组织的。非空间维是仅包含非空间数据的维。在地学空间数据立方体中，将与要研究的地学对象（如煤炭预测区）相关的属性信息作为非空间维，如矿种、大地构造、深度、品位、地质工作程度、开采状况等，则地学空间立方体中的非空间维可以有多个（维 1，维 2，…，维 n），它们共同构成了地学空间数据立方体非空间维的集。

1）非空间维的概念分层

为了进一步数据考察，需要对某一个维进行更高一级的汇总或更低一级的细分，这就需要对维进行概念分层。概念分层定义了一个映射序列，将低层概念映射到高层概念或将高层概念映射到低层概念。非空间维的概念分层按维的实际意义进行归类分层，一个非空间维一般有多个分层。

2）Place 的概念分层

Place 的国家值包括 China、Canada、India 等。每个国家可以映射到它所属的大洲。例如 China 可以映射到 Asia，Canada 可以映射到 North America；国家也可以映射成它包括的省或大区中心，如 China 映射成 6 个大区中心 Tianjin、Yichang、Xi'an、Chengdu、Nanjing、Shenyang，而每个大区中心还可以继续映射到其下一层概念集合，如 Shenyang 映射成 Heilongjiang、Jilin、Liaoning。

维 Place 由属性 city、province/state、zone、country、continent 定义，这些属性形成了全序相关的模式分层（Schema Hierarchy）即 city＜province＜zone＜country ＜continent。维 Time 由属性 day、week、month、quarter、year 定义，而 Time 的属性构成一个偏序，形成一个格。维 Mineral 由 depth、subcat、mineral 定义。地区属性的层次结构和时间的格结构如图 4-4 所示，地区维的概念分层如图 4-5 所示，地学空间数据立方体中使用的时间维的概念分层如图 4-6 所示。由此可知，世纪可以映射到十年、十年映射到年、年映射到月、月映射到日。地学空间数据立方体一般很少使用小时（水文监测、滑坡、灾害检测等可以使用）。如果使用成矿时代作为维，则以万年为单位。

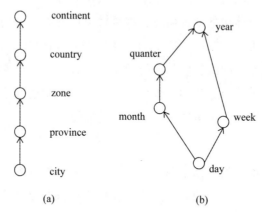

图 4-4　属性的层次结构和时间的格结构

（a）属性的层次结构；（b）时间的格结构

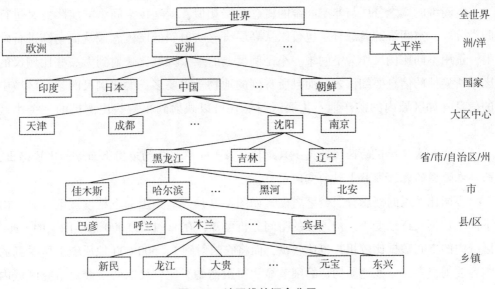

图4-5 地区维的概念分层

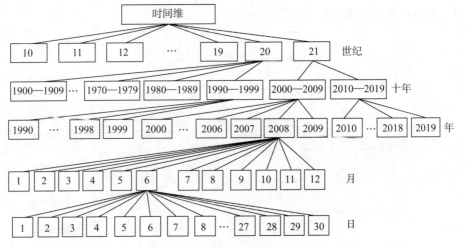

图4-6 时间维的概念分层

3. 空间维

空间维是一种仅包含地理空间数据的维。空间要素的空间信息构成了空间数据立方体的空间维，而与空间信息同属一个实体的属性信息，只能是非空间维。形成空间维地理要素的空间信息是对所描述的对象结果进行地理图形表示，它在地图上以图形表达对象实体时，其形状（线和面为主）、位置，以及与其他空间实体之间的关系（拓扑等）不变，仅作为所描述对象的地理图形显示。行政区划、石油管线、盆地、成矿区（带）等都可以作为地学空间数据立方体的空间维。

空间维的概念分层与非空间维的概念分层相似，就是按空间维的实际意义进行归类分层。空间维的概念分层也可以从高层概念映射到低层概念或从低向高进行映射，选用不同比例尺作为空间维。小比例尺上的某个区域比映射到大一些比例尺的区域所囊括的信息要细得多，而且所看到的地物等也要多；大比例尺的某个区域中的信息（如区域内的矿产地、化探区面等）可以映射到小一些比例尺的一个小区域上。

注意：这里所说的区域的大小只是按单位大小在显示的地图上面进行比较得出，而非在地图的无级缩放上取的空间图形。

不同比例尺的概念分层金字塔模式如图 4-7 所示。由上向下精度逐渐变高，由下向上比例尺逐渐变小。由地图的空间分析可知，在 1∶1 000 000 地质图上的 1 cm^2 区域内的空间数据比较粗，也比较少，而将它映射到 1∶500 000 地质图上所看到的内容要细很多，一些地质构造的细节显示得很清楚。比例尺的切换会对研究区域内的度量进行汇聚和细分。空间信息有时也可以转换成非空间信息，如一个省份的空间区域可以用省份的名称或省份代码来代替。

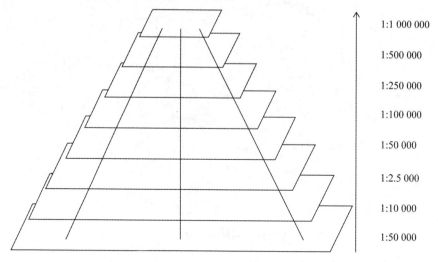

图 4-7　不同比例尺的概念分层金字塔模式

4.2.3　地学空间数据立方体的度量

1. 度量的基本概念

度量是由全部维或若干维确定的一个对象属性值，它的多维点是由维-值对定义的，是由一个函数（数值函数或空间函数）对数据立方体的点求值，如维-值对

$\{place = "Xinjiang"，mineral = "Coal"，time = 2008\}$。度量值发生在多个维垂直交叉的点上，在一个点上可以有一个或多个度量。每个度量可以是传统的数值度量，也可以是空间度量。地学空间数据立方体的度量有数值度量和空间度量两种。

度量可以是分布的、代数的、整体的。分布的度量表示数据可被划分成 n 个集合，函数在每个部分计算得到一个聚集值。代数的度量是指数据可以根据某种代码计算得到。

2. 数值度量

数值型分布的度量可以使用聚集函数进行汇总处理，如"count（）""sum（）"等。度量的代数性表示为如果它能够由一个具有 M 个参数的代数函数计算，而每个参数都可以用一个分布聚集函数求得，如"avg（）"可以由"sum（）/count（）"计算，其中"sum（）"和"count（）"是分布聚集函数。

在地学空间数据立方体中，由全部维或部分维确定的一个对象是非空间对象时，采用资源量、储量、产量、供应量等作为数字度量。

3. 空间度量

在地学空间数据立方体中，由全部维或部分维确定的一个对象是一个空间对象，描述这一空间对象的聚集结果用空间度量来表述。表示同一主题的、相邻的空间要素聚集到一起形成一个新的、大的空间要素，如由某个国家的所有省份空间区域聚集而成的本国地图，由华北赋煤区、东北赋煤区、西北赋煤区、华南赋煤区、滇藏赋煤区构成中国的赋煤区，等等。

在地理上不相邻，但表述的是同一主题的空间要素，可以进行聚集。

在地学空间数据立方体中，空间度量可以使用线的长度、多边形的面积、矿体的体积等，也可以使用栅格。在同一个立方体的元素中可以研究物探、化探、重砂、矿产地、遥感等多种资源。

4. 数值度量和空间度量

可以同时使用数值和空间两种度量，一般先使用空间度量，再使用数值度量，如盆地或煤炭在大洲、国家、大区中心、省、市的空间多边形的切割（百分比）以计算其资源量等，也可以计算各成矿区带的铁矿体积，再按不同的品位计算其储量等。

4.2.4 地学空间数据模型

现实世界中的地学事物及其有关要素转换为信息世界的数据，才能进行处理与管理。地学空间数据模型是对现实世界进行抽象的工具。它经过了现实世界、概念世界、逻辑世界和计算机世界的转换。数据仓库的概念模型一般使用星型数据模型（Star Schema）和雪花型数据模型，其中以星型数据模型使用最为广泛。星型数据模型使用一个包含主题的事实表和多个维表，事实表中不包含冗余数据，但包括多个维，每个维对应一个维表。一个维表的属性可能形成一个层次（全序）或格（偏序）。

在地学空间数据仓库中的多维数据模型采用星型模式进行组织，矿产资源的星型模式如图4-8所示。

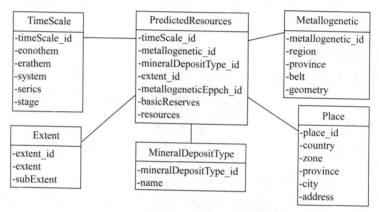

图4-8　矿产资源地学数据仓库的星型模式

此模式中包含1个中心事实表Predicted Resources和5个维表（每个维对应一个维表）Time Scale、Metallogenetic、Extent、Mineral Deposit Type和Place。事实表包含5个维的关键字和2个度量basicReserves和resources。其中维Metallogenetic的属性geometry是空间几何类型（点、线、面），可更深入地进行地学领域的空间数据处理或分析。维Place由属性address、city、province、country和zone定义，这些属性形成全序相关的模式分层（Schema Hierarchy），即address<city<province<zone<country。

地学多维空间数据库查询基于空间星型网模型（Starnet Model），并根据它构建地学空间数据立方体（Geoscience Spatial Data Cube，GSDC）。地学星型网模型由从中心点发出的维射线组成，每条射线代表一个维，可以根据数据模型中的多个维（2-D、3-D、4-D等）构建多维地学空间数据立方体。射线在概念或模式分层中称为脚印（Footprint）的每个"抽象级"，允许以多维形式对地学数据建模和观察。

对地学空间数据仓库中存储的数据使用UML的面向对象特性进行规范化建模。

划分事实表和维表主要是为地学空间在线分析处理（Geoscience Spatial On-Line Analytical Processing，GSOLAP）作准备，但能够满足函数关系进行多维计算的地学数据并不多，需要将它们进行处理才能满足要求。金土工程"全球矿产资源可供性分析系统"建立了石油、煤炭、铁矿等的价格模型和供应能力模型，每个矿种在世界范围内不同时间的供应量和价值是可以衡量的。构建一个矿产资源空间立方体所依赖的星型数据模型由1个事实表和3个维表（地区-空间维、时间、矿种）组成，度量为产量、消耗量或金额。

全世界有7个大洲、4个大洋。其中6个大洲每个都有多个国家，如亚洲有中国、日本、印度、韩国等。每个国家可能有多个地区，也可能没有，我国有六个区所，即天津地质矿产研究所、沈阳地质矿产研究所、宜昌地质矿产研究所、南京地质矿产研究所、成都地质矿产研究所和西安地质矿产研究所。还有其他许多与地学有关的局、研究所、中心，如中国国土资源航空物探遥感中心、中国地质科学院地球物理地球化学研究所、中国核工业地质局、中国煤炭地质总局、中国昊华化工（集团）总公司中化地质矿山总局等。每个区所负责片区省份的地质工作，也负责所管辖省市的地质数据管理及资源调配等。

设 C 为地区集合，$C_i \in C$，$C_1 \cup C_2 \cup \cdots \cup C_n = C$，$C_i \cap C_j = \varnothing$，$i = 1, 2, \cdots, n$，$n$ 为地区个数；$C_i = P_j$，$P_j \in P$，$P = \{$黑龙江，吉林，辽宁，河北，内蒙古，新疆$\}$。每个市下又可细分到县，县下可细分到乡等。

4.2.5 地学空间数据立方体

多维地学空间数据立方体（Multidimensional Geoscience Spatial Data Cube, MGS-DC）与一般数据立方体的不同之处在于它有表述地学空间数据信息的空间维。地学空间数据立方体是一个多维矩阵，其数学表达方式为：$D = \{I, J, K\}$，I、J、K 均是一个维，其中 $I = \{i_1, i_2, \cdots, i_m\}$，$J = \{j_1, j_2, \cdots, j_n\}$，$K = \{k_1, k_2, \cdots, k_p\}$。矿产资源供应情况（部分）见表4-2，可设 I 为时间，J 为地区（空间维），K 为矿种，度量为生产产值（单价×产量）。

表4-2 矿产资源供应情况（部分）

地区	矿种	时间	生产产值/亿元
区域1	石油	2008年1月	10.4
区域1	石油	2008年2月	8.3
区域1	石油	2008年11月	9.5
区域1	石油	2008年12月	8.8
区域1	煤炭	2008年1月	7.5

续表

地区	矿种	时间	生产产值/亿元
区域1	煤炭	2008年2月	4.6
区域1	煤炭	2008年11月	5.5
区域1	煤炭	2008年12月	8.3
区域1	铁矿	2008年1月	4.5
区域1	铁矿	2008年2月	3.9
区域1	铁矿	2008年11月	7.6
区域1	铁矿	2008年12月	9.2

地学空间数据立方体进行 OLAP 分析查询时，可以使用地学星型网查询模型，如图4-9所示。位置由预测区、城市、省/州、国家、大洲构成，成矿时代由阶、统、界、宇、相定义，成矿区（带）由成矿域、成矿省、III级成矿区（带）定义。

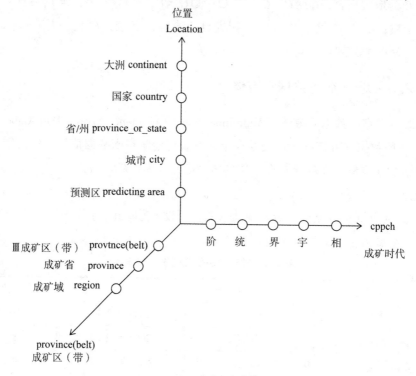

图4-9 地学星型网查询模型

4.2.6 地学空间数据立方体的分析操作

立方体的一个单元(集合中的一个元素)$d \in D$，且 $d(i, j, k)$，$i = 1, 2, \cdots,$ m；$j = 1, 2, \cdots, n$；$k = 1, 2, \cdots, p$。

立方体的切块 $B \subseteq D$(集合中多个连续元素组成的一个三维集合，是一个小的立方体，是原立方体的一个子集)，其中 i, j, k 的取值为：$i \in [a, b] \in [1, m]$，$1 \leq a \leq m$，$a \leq b \leq m$；$j \in [a, b] \in [1, n]$，$1 \leq a \leq n$，$a \leq b \leq n$；$k \in [a, b] \in [1, p]$，$1 \leq a \leq p$，$a \leq b \leq p$。

立方体的切片 $S \subseteq D$(两个维依然是取满区间，而第三个维取值间隔为1)，其中 i, j, k 的取值为：$i \in [a, b] \in [1, m]$，$1 \leq a \leq m$，$a \leq b \leq m$；$j \in [a, b] \in [1, n]$，$1 \leq a \leq n$，$a \leq b \leq n$；$k \in [a, b] \in [1, p]$，$1 \leq a \leq p$，$a \leq b \leq p$，并且 $b - a = 1$。

上卷：按某个维向上汇总，如按第 I 维上卷后得到的维 $U = \{u_1, u_2, \cdots, u_m\}$，$u_i \in U$，其中 u_i 由原来的维集合组成，即 $u_i = \{i_1^{(i)}, i_2^{(i)}, \cdots, i_m^{(i)}\}$，即每个均与 i 相关。

下钻：是按某个维向下细化，如某个维为 $I = \{i_1, i_2, \cdots, i_m\}$，下钻后为 L，对 i_i 剖分可得 $li = \{l_1^{(i)}, l_2^{(i)}, \cdots, l_m^{(i)}\}$

矿产资源供应空间数据立方体由区域（空间维）、时间、矿产三个维组成，度量使用生产产值。可以按时间维从年下钻到月份，如按 {time = "2005"} 下钻到每个月；可以按时间、矿产、区域上卷，如按区域上卷 {区域 A = "区域1" and "区域2"，区域 B = "区域3" and"区域4"}；可以对 {区域 = "区域2" or "区域3"}、{时间 = "2005" or "2006"}、{矿产 = "煤炭" or "铁矿"} 进行切块操作；可以按 {time = "2005"} 切片操作，等等。可以使用矿产资源的预测区面积、矿体体积等作为空间度量构建立方体。多维矿产资源空间数据立方体的 OLAP 操作示例如图4-10所示。

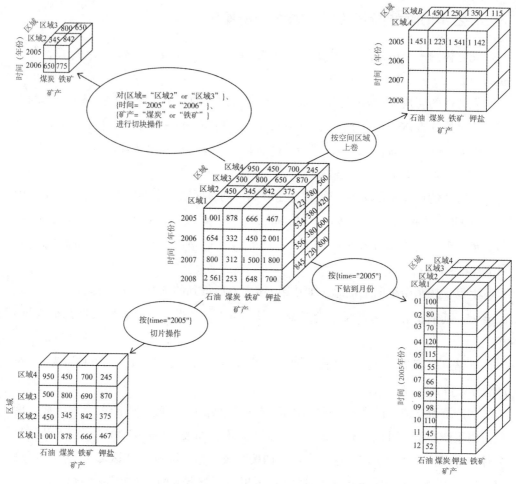

图 4-10　多维矿产资源空间数据立方体的 OLAP 操作示例

4.3　多维地学成果文档立方体

保存在数据仓库中的各种地学文档，可以按地域、行业、专题等进行多维分析，从而构成地学成果内容立方体。立方体的度量可以是文档或文字数量。由于文档属于某个区域，可以考虑使用内容立方体的空间维特性进行分析；专题有地理、地质、物探、化探等；职能有基础研究、预测、计算机等。

第5章

基于 SOA 的地学应用集成

5.1 SOA 框架及组件

5.1.1 SOA 总体框架

1. SOA 简介

面向服务的体系结构（Service-Oriented Architecture，SOA）是指为了解决在 Internet 环境下业务集成的需要，通过连接能完成特定任务的独立功能实体实现的一种软件系统架构。SOA 是一个组件模型，是一个整合资源的应用框架，它将应用程序的不同功能单元（称为服务）通过这些服务之间定义好的接口和契约联系起来。接口采用中立的方式进行定义，独立于实现服务的硬件平台、操作系统和编程语言。构建在系统中的服务可以用一种统一和通用的方式进行交互。基于网格的 IT 架构为企业提供虚拟的软硬件资源，而 SOA 为企业构建灵活的虚拟应用环境。

2. SOA 的特点

SOA 不是一个新产品或新技术，而是系统设计的一种新方法，它应用已经存在的技术或组件解决业务问题，擅长在异构环境下整合应用系统。SOA 在兼顾信息资源现有配置与管理状况的条件下，实现分散异构信息资源体系无缝整合；在新的信息交换与共享平台上，开发新应用，实现信息资源的最大增值。它可以使企业原有的各种数据、组件、应用程序很自然地成为新系统的功能，从根本上解决信息孤岛问题，实现数据整合、应用整合和信息整合。

3. SOA 组件

SOA 将 XML、SOAP、UDDI、WSDL、Web Services、ESB、Rules 等作为技术基础的共享集成方案，提出了一种用于灵活构建应用程序和适应业务流程变化的基于标准的方法，提供一整套的解决框架，为应用架构的实现提供新的参考模型。

SOA 采用即插即用的工作模式，可以将如下的核心组件和关键技术融合在一起协同完成用户的要求：

(1) 用于开发服务的集成服务环境 (Integration Service Environment，ISE)；

(2) 用于集成应用程序的企业服务总线 (Enterprise Service Bus，ESB)；

(3) 用于发现和管理服务生命周期的服务注册；

(4) 用于连接服务与业务流程的基于业务流程执行语言 (Business Process Execution Language，BPEL) 的编排引擎及业务绩效管理 (Business Performance Management，BPM)；

(5) 支持业务策略捕获和自动化的业务规则引擎 Rules；

(6) 用于将验证和授权策略应用到服务上以监控服务和流程规范性的 Web 服务管理器 (Web Service Manager，WSM) 和安全性解决方案；

(7) 用于实时监控业务实体及其交互并支持服务优化的业务活动监控 (Business Activity Monitor，BAM) 解决方案，该方案可及早发现问题，并采取预见性的操作；

(8) 访问运行性能指标，与业务流程交互协作和操作的企业门户 Portal；

(9) J2EE/. NET 企业级应用程序服务器，等等。

4. SOA 架构及其特点

SOA 架构包括一个集成服务环境如图 5-1 所示，它使开发人员能够将应用程序功能公开为用户服务。企业服务总线技术使服务之间不再是紧耦合，可将应用程序与服务解耦。业务流程管理解决方案支持将服务编排到业务流程中，如基于业务流程执行语言 (BPEL) 的解决方案。使用 BPM 解决方案构建的流程可以重用，针对业务需求轻松进行修改，并支持实时流程可见性。业务活动监控解决方案实现对 KPI 和 SLA 的监控，使业务实体能够采取预见性的操作。这些关键技术的结合形成了持续改善的基础或融合效果。

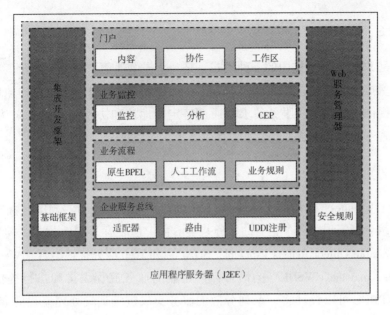

图5-1　SOA架构

SOA因其灵活性具有如下特点：

（1）更低的开发成本：SOA服务可重复使用，像构建模块一样快速组合为新的复合应用，不需要高昂的人工编程成本；

（2）更低的维护成本：已有服务组件的重用降低了软件的内部复杂性和模块数量，以及整个服务组合所需的维护支持工作量；

（3）更高的服务质量：SOA极大地提升了服务的可重用性，它通过来自不同消费者的测试周期创建了更可靠、质量更高的服务；

（4）更低的集成成本：服务组件的接口是基于Web服务标准的，与服务组件的实现语言无关，可以使分散应用快速灵活地组合在一起协同工作；

（5）降低风险：使用Web服务包装已有的成熟组件，使软件开发和管理团队更容易实现整个项目，并降低不符合规范的总体风险。

5.1.2　WSM

WSM是一个基于策略管理已存在或新建Web服务的综合性解决方案，它允许IT管理部门集中定义管理Web服务操作的策略（如访问策略、日志策略和均衡负载等），然后将这些策略与指定的Web服务挂接且无须修改这些服务。它还可以收集服务的质量、状态、安全威胁等，并将它们显示在Web仪表盘上，这样就更容易管理和监控Web服务。

5.1.3 ESB

ESB 是 SOA 基础架构中的一种模式，是一个提供通信、整合、安全、事务支持和服务质量控制等 SOA 要求的性能基础架构。ESB 通过提供一个服务的地址和命名控制点来提供这些性能。服务请求者通过特定的地址和协议调用服务来访问 ESB。ESB 支持若干种整合机制来整合服务提供者提供的信息。

5.1.4 BPEL

BPEL（Business Process Execution Language）是一个基于 XML 语言的、使用 Web 服务组合来实现跨多个企业的任务共享语言，它是基于 XML 模式、简单对象访问协议（Simple Object Access Protocol，SOAP）和 Web 服务描述语言（Web Services Description Language，WSDL）的语言，为企业的业务流程编排和执行提供领域标准。使用 BPEL 可以设计将一系列分散的服务集成进端到端处理流程的业务流程，减少处理成本和复杂度。BPEL 可以定义如何向远程服务发布 XML 消息或从远程服务异步地接收 XML 消息，管理 XML 数据结构、事件和异常，定义进行执行的并行流，并在异常发生时取消部分进程。相对应的 BPEL 管理器提供了一个综合的、易用的基础框架，用于创建、部署和管理 BPEL 业务流程。

5.1.5 BAM

BAM 是 SOA 中的被称为操作仪表盘的关键技术组件，在 Web 上对应用进行监视和警示。它能够实时监控业务进程及对系统关键性能指标有影响的事件，并能提供实时的详细分析报表或图形可视化显示结果，帮助业务人员更好地做出决策。它是基于消息的、事件驱动的、驻留内存的结构，可以利用消息、数据集成、高级数据缓存、分析监控、警告、报表等技术在几秒内完成对一个事件或状态变化请求的关键信息的传输。

5.2 地学空间应用集成框架

5.2.1 基于 SOA 的地学空间应用集成框架

地学领域从战略远景出发，制定全局的业务整合目标，让各大区中心、省/市、部门等能及时响应需求，实现高效协作。由于系统本身的复杂性，改变会影响一些人的既得利益，而且有的员工也不愿意改变习惯和熟练的工作方法，所以这是一个要分期、分批实施的渐进过程。

大多数地学系统在最初开发时，限于当时的情况很少有与其他系统整合的需求，系统内业务是完整的，数据是有效的，但对外没有提供过多的访问接口。要让这些地学系统"动起来"，就要将它们的数据和功能包装起来，供外界使用。

基于SOA的纵向分层地学应用集成框架如图5-2所示，通过Web服务整合、重用已有的地学数据和地学应用（组件），分析和挖掘数据仓库中的地学空间数据并将结果传到用户端，以表格、图形、图像等形式表达出来。采用SOA构建松散耦合的应用集成，可以通过应用集成来实现数据集成与共享。松散耦合指的是服务消费者与服务提供者间的较小依赖性，目前应用不再过多依赖于数据和已有的应用。

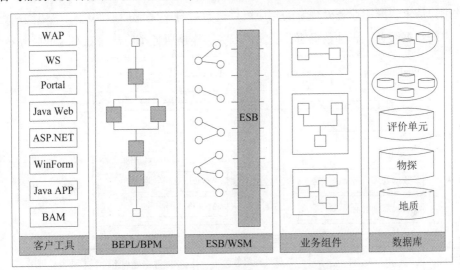

图5-2 基于SOA的纵向分层地学应用集成框架

基于Web服务进行结构化和非结构化地学数据管理、地学内容数据管理，其可以融入业务流程中。原始数据以内容管理方式保存，通过Web服务进行发布，其他属性数据和空间数据采用一体化存储。通过数据虚拟化，将分布、异构和物理资源整合起来，呈现为统一的逻辑对象，以安全和可管理的方式使用，体现一站式的SOA服务思想。

基于数据互操作模式是开放地理信息系统联盟（Open GIS Consortium，OGC）制定的一种互操作接口规范，GIS用户通过公共接口相互联系，在相互理解的基础上透明地获取所需的信息。数据互操作规范为多源数据集成带来了新的模式，为多源地学数据集成提供了新思路。

为了实现某个业务，需要通过服务将不同的结构、技术、位置的系统协同起来工作，故在基于 SOA 的开发中服务是核心，服务必须针对具体业务。服务均按统一规范分析、设计、实现，在使用服务时，使用者不必关注服务的提供者，实现的技术、原来数据的结构和来源。

所有的 Web 服务组件均部署在 SOA 服务器上，如图 5-3 所示，与空间操作有关的 WebGIS 组件（ArcObjects 和 ADF 等）均部署在 ArcGIS 服务器上（支持 SOA）。Web 服务层封装了后台业务组件的功能及业务流程，并对外公布访问具体业务处理的接口，为各种形式的用户提供统一调用的规范，从而实现了用户端类型和位置无关，并通过应用集成实现数据集成。实现的业务处理有对各种地质数据的查询、分析、汇总等，以及对空间数据或空间数据与属性数据的互操作，接收来自用户端的代理类传来的用户请求，调用业务处理层的相应组件进行处理，完成后返回给用户端代理类实例。空间数据服务、属性数据服务、文档服务、栅格服务都应部署在对应的服务器上。

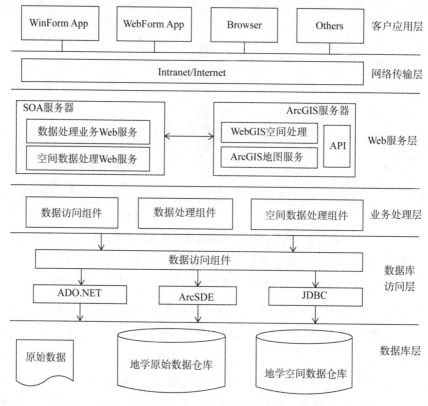

图 5-3 基于 SOA 的地学应用集成体系结构

系统中所有的资源，尤其是以 XML 文件进行描述的服务，可以动态地注入系统中。图库要求字体、颜色、图标、标识、样式、边形、拓扑等使用统一的格式，便于与其他数据的关联等。

在应用 SOA 共享地学应用的过程中，在分析、设计方面，需要基于服务的分析、设计方法，包括服务识别、定义和实现策略，其输出是一个服务模型（Service Model），以服务建模为核心，开发和编排服务。

SOA 拥有优势的集成能力、最佳设计模式、基于标准的开放性和交互能力，能够很好地帮助企业架构面对异构集成的挑战。首先，SOA 以业务为中心，提供服务、流程等高阶建模元素，通过 SOA 基于服务的分析和设计方法，改善 IT 和业务的交流。其次，SOA 基于标准的交互能力和 ESB 架构模式，可以简化分布式系统之间的整合，将各种异构的系统连接在一起。用户一般可通过 ESB、适配器（Adapter）和连接器（Connector），用非侵入的方式来重用已有系统。最后，SOA 利用以服务为中心的企业整合（Service Oriented Integration，SOI），帮助企业提高业务敏捷性、IT 架构的灵活性和 IT 资产的重用能力。

用户请求由地学服务实现，地学服务包括地学属性数据服务（GeoProper-tySevice）、地学空间数据服务（GeoSpatialService）、地学文档服务（ContentService，除栅格之外的非结构化数据）、地学原始数据服务（PrimitiveGeoDataService）、栅格数据服务（RasterService）等五大类服务。每个大类服务根据主题等分成若干个不同的细粒度和粗粒度的服务，如图 5-4 所示。

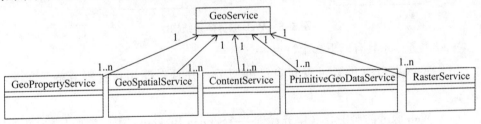

图 5-4　地学服务组成模式（UML）

后续地学项目设计和开发要充分考虑并利用地学数据仓库中已有的数据和地学应用服务器上已有的组件，避免浪费（可以查询元数据服务器），把精力放在更重要的项目、精细化分析与研究上，挖掘新的模式。

5.2.2 使用 Web 服务共享数据和应用

1. 使用 Web 服务实现共享

Web 服务作为实现 SOA 服务最主要的技术实现手段，其最基本的协议包括 UDDI、WSDL 和 SOAP，通过它们实现直接而简单的 Web 服务。Web 服务是描述一些操作（利用标准化的 XML 消息传递机制可以通过网络访问这些操作）的接口，它使用标准的、规范的 XML 概念描述与服务交互需要的全部细节，包括消息格式（详细描述操作）、传输协议和位置，但隐藏了实现服务的细节和允许独立于组件、软件平台、编写服务所使用的编程语言，使基于 Web 服务的应用程序可实现松散耦合、分布式和跨平台单独或合作实现的复杂业务流程。

Web 服务是一种部署在 Web 上的对象或组件，基于 Web 服务提供者（Service Provider）、Web 服务注册中心（Service Registry）、Web 服务请求者（Service Requester）3 个角色和 NSDL、UDDI 发布，NSDL、UDDI 发现，SOAP 绑定 3 个动作而构建，如图 5-5 所示。

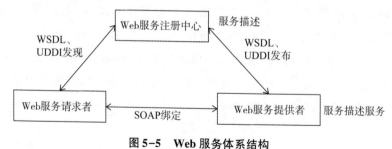

图 5-5　Web 服务体系结构

Web 服务体系具有以下 3 个特点：

（1）Web 服务提供者可发布自己的服务，并且对使用自身服务的请求进行响应；

（2）Web 服务注册中心（服务代理——Service Broker）用于注册已经发布的服务，对其进行分类，并提供搜索服务；

（3）Web 服务请求者利用 Web 服务注册中心查找所需的服务，找到服务后消费服务。

使用 Web 服务共享地学应用主要共享两种组件：

（1）新建组件，通过公布的服务接口访问异构数据和同构数据；

（2）包装已有的组件，操作后台原有的异构数据。

Web 服务公布的接口格式为：$<type> = f（p_1，p_2，\cdots，p_n）$，是 WSDL 基于

XML描述的。用户可以直接调用接口而不管其后台处理在何处。一个服务可能包装一个组件，也可能包装多个组件，但公布的接口没有原组件的任何痕迹，实现了封装。

设 C 为 n 个组件的集合，$C = \{C_1, C_2, \cdots, C_n\}$，其中 C_i 可以是新组件也可以是已有组件。$I = P(C_1, C_2, \cdots, C_q)$，$q < n$，$P$ 为包装过程，I 是方法集，由多个组件中若干个类的若干个方法发布而成，服务和方法的数量可能比原来少，也可能比原来多。S 为包装 m 个组件之后的服务，它包含 k 个访问操作 $I = \{I_1, I_2, \cdots, I_k\}$，$I_j$ 为公布的方法，每个操作具有不同的参数和返回集 D_k。返回集合 $D = \{D_1, D_2, \cdots, D_p\}$ 中的每个元素可以是另一个集合，如表由行集组成，行集又由若干个列值组成。

矿产资源潜力数据库和矿产地数据库集成访问模式如图 5-6 所示，其中查询服务由行政区划空间查询、矿产地基本信息查询、潜力数据库预测区基本信息查询 3 个服务组成，返回值由查询到的省区集合、矿产地基本信息集合、预测区基本信息集合组成，返回值集合在内存中构成了一个临时数据库，而关系可以是数据库中原关系或新建关系。

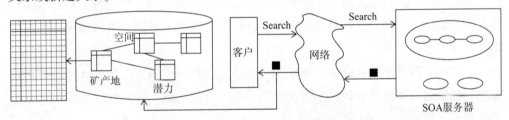

图 5-6 矿产资源潜力数据库和矿产地数据库集成访问模式

2. 共享已有组件

设目前已有地学计算组件为 C，$C = \{C_1, C_2, \cdots, C_n\}$，其中有 i ($i \leq n$) 个可重用组件 A，$n-i$ 个组件 B，组件 B 由于与界面的耦合性过紧，需要进一步剥离或整理才能重用。$C_i \in C$，C_i 中包括了若干个类或接口 T，而每个类或接口又包含了若干个可以进行实现具体计算的方法（函数）F，即 T 由 F 组成，C_i 由 T 组成。组件及类的组成结构如图 5-7 所示。

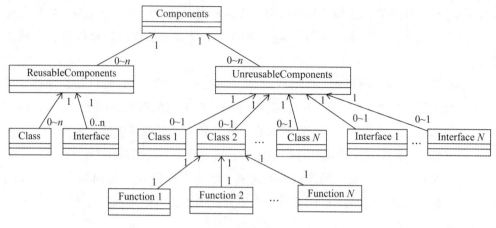

图 5-7　组件及类组成结构

说明：由于已有组件大多数是基于目前所维护的数据库而构建的，所以输入的数据一般是当前数据库格式，此处的重用主要指其可以共享和处理异构数据，本节主要讨论将已有组件包装成 Web 服务。

组件 A 可直接使用 Web 服务和消息服务包装、发布以实现共享，组件 B 在保证其功能的前提下，通过去耦、重组等处理，形成了 j（$j \leqslant n-i$）个组件，对这些组件的共享与组件 A 一样。在处理过程中，可以由多个组件经解耦或重组形成一个新的 Web 组件（Web 服务），即新的 Web 组件由多个组件中的多个类的多个方法组成；也可以将一个旧组件分解成多个新的 Web 组件，即 $N=f$（C）。多个组件经去耦或重组、包装成一个新服务如图 5-8 所示，一个组件经去耦、分解、包装成多个新服务如图 5-9 所示。

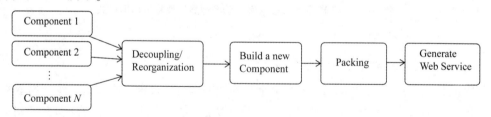

图 5-8　多个组件经去耦或重组、包装成一个新服务

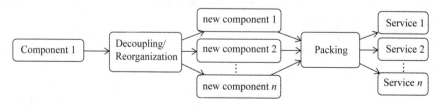

图 5-9　一个组件经去耦、分解、包装成多个新服务

根据公布的地学数据访问接口（异构保持原始数据形态的接口），用户可自行编写某些地学数据处理的算法，注入用户算法组件包装成服务的模式如图5-10所示。在权限允许的前提下，它通过数据访问组件或服务接口提取数据并进行处理，将处理的结果带走，而原始数据还保持原样。

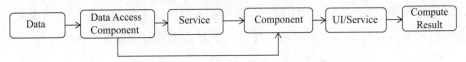

图5-10 注入用户算法组件包装成服务的模式

5.3 基于 SOA 的基本地学服务

5.3.1 基础地学数据处理服务

在基于SOA的油气潜力评价系统设计中，遵循系统重用已有组件的原则，使用与这些组件兼容性最好的语言进行Web服务包装，编写基于XML规范的访问接口，并统一注册到一个集中的J2EE Web服务管理器中，建立逻辑上一体化、物理上自治的计算信息资源中心。后台Web组件可以是部署在IIS服务器上的ASP.NET Web服务，也可以是部署在WebLogic和WebSphere应用程序服务器上的J2EE Web服务。

用户在用户端提交一个盆地储量评价请求，用户端将消息发送到SOA应用程序服务器，服务器按服务规范顺序调用BPEL事先设计好的计算流程中的每个节点/元素，如图5-11所示。

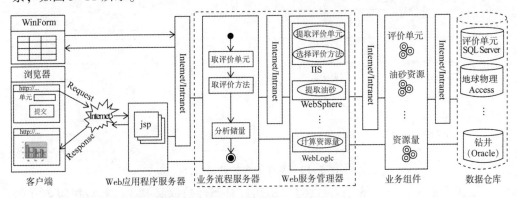

图5-11 基于 SOA 的盆地储量计算流程

顺序调用相应的地理、地质、地球物理、钻井、储量等组件。这些组件分布在

Intranet/Internet 上的 Web 服务组件服务器上，从 SOA 服务器分发出来的一个 Web 服务请求可以有一个或多个后台组件协同完成，这些组件通过 ODBC、ADO. NET、JDBC 等访问位于存储在 Intranet/Internet 上对应地学数据库中的空间数据和非空间数据。每个后台组件在完成计算任务后，将处理结果返回给请求者。多个 Web 服务请求可以重复调用同一个后台的 Web 组件或业务组件。多层服务器根据需要可以部署在不同层的独立服务器上，也可以将某几个服务器集中部署在一台硬件服务器上。

5.3.2　基于 SOA 的属性数据整合

模型和语义可能存在如下问题：

（1）针对同一个地质问题，不同理论、不同专家、不同时期给出的解释和评价略有不同，而且一时很难统一要求；

（2）数据库中可能存在语义不统一的情况；

（3）需求变化比数据模型的变化快，等等。

地学数据仓库、原始数据、服务等为用户提供的数据不可能满足所有用户的要求。为了满足用户提出的要求，系统可以在不影响数据原始结构的情况下，根据工作流工作原理，通过服务提取出属性数据，并重新组合成符合要求的数据集，即通过各种服务根据元数据描述将保存在数据仓库或原始数据中的数据分期、分批地提取出来，采用向导式重新映射、过滤、组合，制作出符合要求的新的数据集，如图 5-12 所示，并保存在内存、本地文件或数据仓库的临时保存区域。

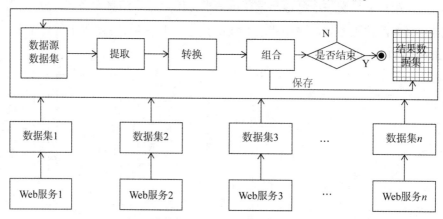

图 5-12　基于服务的数据组合

设服务集 $S = \{S_1, S_2, \cdots, S_n\}$，$S_i$ 可以是属性数据服务或内容数据服务（内容数据服务主要针对文档的内容而不针对文档本身）等，$i = 1, 2, \cdots, n$。每个服务调用后均返回一个数据集 D_i，返回数据集构成组合前的输入数据，即数据源数据集 $D = \{D_1, D_2, \cdots, D_n\}$，$D_i$ 可以包括若干个数据子集。在组合前，根据每个服务的描述，对其返回的数据集进行系统分析，设计每个结果数据集向目标数据集转换的步骤和方法，即通过对服务执行的结果数据集进行 ETL 操作。经过 ETL 操作的数据集加入结果数据集中，直到所有的数据源数据子集处理完毕，结束操作。

对服务调用后得到的数据集进行重新组合，形成新的数据集，可以作为下一个数据整合或服务调用的数据源，也可以将整合的过程保存到元数据库中，或注册成新的 Web 服务。例如，一个查询操作可以同时调用重砂、矿产地、潜力数据的 3 个或更多个查询服务，将查询的结果整理成满足用户要求的格式，用集合（J2EE 用 Collection 和 RowSet，.NET 用 DataSet 和 DataTable 等）返回。

5.4 基于 SOA 的不同 GIS 空间数据服务

5.4.1 基于 GML 和 SOA 的空间数据集成应用

地学数据成果是国家投入大量的资金，花费大量的时间，集合众多专家、学者的智慧精炼而成的。有些成果目前无法从头再做，因此应尽可能重用已有数据。不同时期、不同技术、不同产品制作的地学空间数据使用了不同的 GIS 产品，如 MapGIS、SuperMap、ArcGIS、MapInfo 等。目前所面临的挑战是要将这些多源、异构的地学空间数据（矢量或栅格）有机地集成与共享，并进行各种分析，将结果显示给用户。

保存了地学信息的各种 GIS 数据有的以文件形式保存在操作系统中，有的保存在数据库的大字段中，有的以关系表的形式保存。下面以目前常用的 3 种 GIS 的矢量空间数据为例进行分析，并设计基于 SOA、GML 的集成与共享模型。

每种 GIS 均有自己专用的数据格式，并且它们中的大多数都公开了其数据的保存模式。而有的 GIS 没有公布坐标系和投影等转换的算法细节等数据，使得不同 GIS 产品之间很难进行交互，因而出现了各种 GIS 数据的转换工具，如 MapGIS 提供了 MapGIS 数据转换到 ArcGIS 数据的应用程序、SuperMap 提供了 SuperMap 转换到 ArcGIS 的工具等。转换工具在一定程度上解决了不同 GIS 数据的交互问题，但在大多数情况下必须先进行转换和纠正后才能使用，很难保持 GIS 原始数据格式进行交互。

将保存了地学信息的原始 GIS 数据作为服务发布到对应的 GIS 产品服务器上，使不同服务器之间的交互通过服务来进行。从服务公布的接口提取的数据均服从地理标记语言（Geography Markup Language，GML）标准，在服务器端，同比例尺、坐标系、投影的数据可以使用统一的语言进行交流、协作查询与分析，完成预期的交互操作。在各 GIS 产品的服务器上，可以根据要求将发布的数据转换成其他的坐标系、投影方式等，这样一种数据可以提供多种服务，满足用户的需求。

GML 是由 OGC 开发的针对空间信息的基于 XML 的编码规范，用于地理信息的建模、传输和存储，提供描述地理信息的各种对象，包括要素、坐标系、几何、拓扑、时间、度量单位和规范化的值，是数据互操作规范的重要组成部分。它通过特征集合及其嵌套使用来表现丰富的空间信息。采用 GML 实现地理数据集成具有下列明显的优势：

（1）GML 的数据和表现分离，在访问 GML 文档时不需要在可视化上花费太多精力，而是集中考虑空间数据信息的存储与提取；

（2）GML 采用纯文本，通过在 Schema 中定义一系列标志来表达空间信息的含义，标志的唯一性保证了在多源空间数据集成时不产生歧义，同时为数据的访问提供了精确的搜索和检查，快速实现多源空间数据集成；

（3）GML 是一种开放标准，与具体的软硬件平台无关，其支持各种应用系统程序之间的通信。

设有一个已经发布了 n 个 MapGIS 格式空间数据服务的 MapGIS 服务器，一个发布了 m 个 ArcGIS 格式空间数据服务的 ArcGIS 服务器，一个发布了 k 个 SuperMap 格式空间数据服务的 SuperMap 服务器，一个发布了 p 个 MapInfo 格式空间数据服务的 MapInfo 服务器且它们的比例尺、坐标系和投影等一致（坐标系和投影可不同）。现应某用户需求，需要在这 4 个服务器上的若干个空间数据服务协同工作来完成，由注册在 SOA 总服务器上的服务 S 协调调用同样注册在此服务器上的各种 SOA 子服务器上具体的 GIS 空间数据服务。

基于 SOA 和 GML 的多源空间数据集成模型如图 5-13 所示。用户发出请求后，由 SOA 总服务器接收请求（应用程序服务器等路由信息略），在服务元数据中搜索可完成此请求匹配的 Web 服务 S，调用能完成 S 的方法 F，F 顺序（顺序不是必须的）需要 4 个空间数据支持，依次生成 4 个对应的空间数据服务代理实例，并向其代理的 Web 服务发送消息，由部署在对应的空间数据服务器上的空间数据服务完成对应的操作，以统一的 GML 格式将各自的处理结果返回给总调用服务，由总服务实现数据的整合（本例为基本的叠加显示，不做过多的分析操作），以 SVG 格式显示，并将显示结果发送给用户。

图 5-13 给出了多源异构地学空间数据协同完成服务请求的模型，涉及多个不同的服务器，其后还可以有多个服务器。在 Web 服务调用的地学空间数据可以是保存在地学空间数据仓库中的一体化存储的数据，还可以是保存在地学原始数据数据仓库中的集中存储的原始数据，也可以是生产单位保存的 ArcGIS、MapGIS、Super-Map、MapInfo，甚至关系表格式的空间原始数据。数据被提取之后，统一以 GML 形式提交给调用服务（如果坐标系和投影需要调整，则按请求在本地服务器上进行转换，GML 中的内容是指定坐标系和投影的空间数据），由调用服务统一进行解析、整理、分析，最后以厂商无关的 SVG 格式输出，达到地学空间数据的统一和融合。

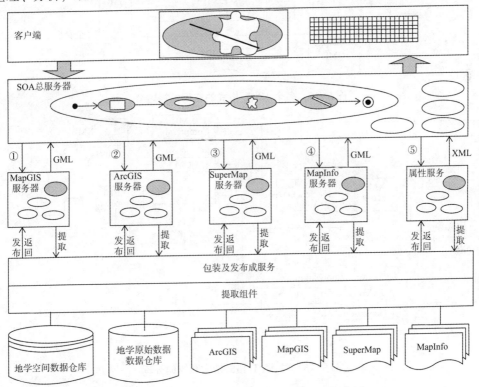

图 5-13 基于 SOA 和 GML 的多源空间数据集成模型

保存在数据库中的关系数据、空间数据、XML 格式的空间数据，也可以采用 XSQL 语言查询，并结合 XSLT 进行转换，显示成网页需要的形式，也可以直接转换成 GML 格式作为 SVG 的输入源。

5.4.2 对地学服务生成的 XML 文件的处理过程

从 Web 服务提取生成的数据，无论是属性数据还是空间数据，均是文本。我们可以对不同类型的 XML 数据进行各种处理，如解析 XML，使用 DTD 或 XML 模式验证 XML，使用 XSLT 样式表将一个 XML 文档转换成另一个 XML 文档或直接生成网页输出，甚至可以对 XML 数据进行压缩，也可以使用 Java、C++、C#应用程序将输入的 XML 文档或 XML 模式数据通过处理生成指定的 XML 输出。多个 GML 格式的空间数据融合如图 5-14 所示，对 XML 格式地学数据的处理如图 5-15 所示。

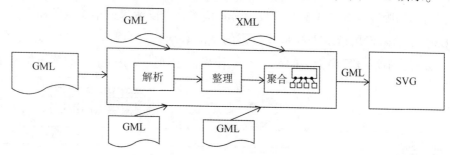

图 5-14　多个 GML 格式的空间数据融合

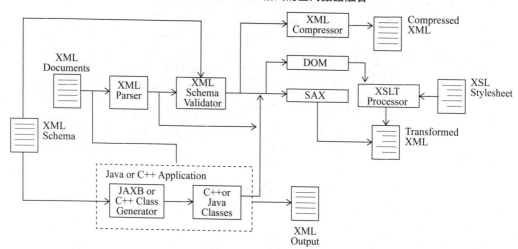

图 5-15　对 XML 格式地学数据的处理

5.5　基于 SOA 的同构 GIS 数据服务

5.5.1　基于 SOA 的同构 GIS 数据的集成应用原理

假设通过 SOA 服务器向外发布属性数据服务和空间数据服务的后台数据是同构的，这里不需要考虑不同空间数据厂商的数据交换问题。数据可以是保存在数据仓库中的经过处理同构的地学属性数据和空间数据，也可以是保持原来结构的数据。用户可以通过服务直接访问，在服务器端不必经过过多的空间转换操作。

实现基于 SOA 的同构空间数据服务的流程为：

（1）用户发出一个空间分析请求（或属性查询），请求通过网络发送到相应的应用程序服务器，虽然网址是 Web 应用程序服务器，但首先接收请求的是负载均衡器；

（2）负载均衡器根据后台 Web 应用程序服务器的负载情况，将这个请求分配给负载较轻的应用程序服务器；

（3）如果要访问的数据已经在当前 Web 应用程序服务器的缓存中，则直接返回给发送请求的用户即可；如果访问没有命中，Web 应用程序服务器上侦听此请求控制器会生成实现这个请求的服务代理类的实例；

（4）调用服务代理类实例的实现请求的对应方法；

（5）代理类实例将计算消息发送给 SOA 总服务器上对应的 Web 服务，SOA 总服务器要找这个服务位于哪个具体的 SOA 服务器上；

（6）找到实现用户请求的 Web 服务所在的 SOA 服务器之后，从它的计算缓冲池中查看是否有这个服务的实例，如果有则直接调用相应的方法，如果没有则创建服务的实例；

（7）调用服务实例的方法，实现此方法可能有多个本实例其他公有或私有的方法、其他本地组件的方法、其他服务的方法。逐个调用每个参与计算的方法，将最后的计算结果返回给请求者。实现的方法可以调用一体化存储或异构存储的地学数据，这些数据可能是属性数据也可能是空间数据；

（8）若实现时调用了其他服务的方法，则重复步骤（5）~（7），直至计算全部结束。

5.5.2 基于 SOA 的同构 GIS 数据的访问

若要显示并计算某个比例尺的地理底图上某个区域内的某个矿种 M 的储量，地理底图 BF 保存在数据库服务器 A 上，矿种 M 的空间要素 AF 保存在地学数据仓库 B 中，矿产储量和资源量信息保存在数据集市 C 中，分析区域是交互式绘制的面要素 Z。系统共有 4 个 SOA 服务器，如图 5-16 所示：SOA 总服务器 S_1、发布地理空间 GIS 数据服务的 SOA 服务器 S_2、发布矿种空间数据的 SOA 服务器 S_3、发布矿产储量及资源量信息服务的 SOA 服务器 S_4。

S_1 有若干服务注册，$s_{1i} \in S_1$，$i = 1, 2, \cdots, n$，其中 s_{168} 为实现用户请求的服务，具体实现使用此服务的方法 F_1（BF, AF, Z, M），BF 为地理底图、AF 为要分析的要素，Z 为分析区域，M 为矿种。完成方法 F_1 还需要方法 F_2、F_3、F_4。F_2 是 S_2 上的服务 s_{268} 的方法，$s_{2i} \in S_2$；F_3 是 S_3 上的服务 s_{368} 的方法，$s_{3i} \in S_3$；F_4 是 S_4 上的服务 s_{468} 的方法，$s_{4i} \in S_4$。图 5-16 给出了实现储量计算的同构 GIS 数据的服务协作图。

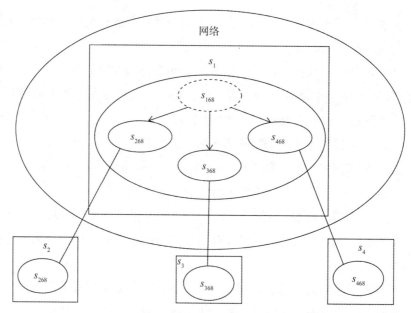

图 5-16　实现储量计算的同构 GIS 数据的服务协作图

方法 F_1 要在 S_1 上创建服务 s_{268} 代理类的一个实例 a_2，然后调用方法 F_2 计算所画区域的地理要素集合。实际上是由 S_2 上发布的空间数据服务 s_{268} 的方法 F_2 实现由 a_2 发送来的消息，并将计算结果传回。

方法 F_1 要在 S_1 上创建服务 s_{368} 代理类的一个实例 a_3，然后调用方法 F_3 计算落在 F_2 计算结果的地理要素集合内的矿种集合 M。

方法 F_1 要在 S_1 上创建服务 s_{468} 代理类的一个实例 a_4，然后调用方法 F_4 提取 F_3 计算结果空间要素所对应的矿产实体属性信息中的储量，根据面积百分比计算出对应的储量总和。

5.5.3 基于 WFS 访问地学空间数据

通过服务获取的空间数据均由不同的 GIS Web 服务器上发布的服务提供，尽管提取时可以通过 XML 保持一致，但是从数据库、数据仓库、空间数据文件等提取地学空间数据时，一般要使用专业的 GIS 组件（如 ArcObjects 等），发布成 Web 服务时要依赖厂商所提供的组件或 Web 组件（如 ArcGIS 的 ADF 等）。为了能快速从海量地学数据仓库中提取并发布空间数据，可以使用 Web 要素服务（Web Feature Services，WFS）直接从数据仓库或数据库中提取空间数据发布服务（或生成 XML），从而提高效率，来实现此功能。WFS 用户可以根据一个与它相关的基于位置或非空间属性寻找要素（等高线、湖泊等）。提取矢量格式的空间数据也可以使用 WFS。

WFS 有一个元数据层，保存在数据库中的元数据需要响应 WFS 请求。元数据包括可以通过空间接口进行查询和处理的空间列，存储空间数据与非空间数据之间的关联信息和返回给用户的 WFS 关联信息。WFS 为一个 Web 服务，并可以部署到 SOA 服务器上，如 Oracle 应用程序服务器。

使用 WFS 获取预测区空间要素的模型如图 5-17 所示。用户以 SOAP/XML 格式发出 WFS 请求，由 SOA 地学空间数据服务器解析请求，搜索对应的提取空间要素的服务，由 WFS 引擎执行此 WFS 服务，WFS 引擎通过数据访问接口（如 JDBC）到数据库中提取 WFS 元数据和对应的空间数据，并将结果以 SOAP/XML 的格式返给发出请求的用户。

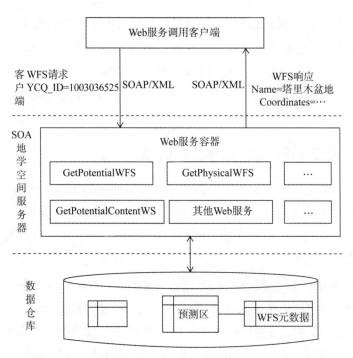

图 5-17　使用 WFS 获取预测区空间要素的模型

请求 XML 如下：

```
<? xml version = " 1.0 " ? >
<wfs： GetFeature service = " WFS "  version = " 1.0.0 "
    xmlns： wfs = " http： //www.opengis.net /wfs "
    xmlns： ogc = " http： //www.opengis.net /ogc "
...
    xsi： schemaLocation = " http： //www.opengis.net …/1.0.0/
WFS-basic.xsd " >
    <wfs： Query typeName = " myns： YCQ " >
    <ogc： PropertyName>myns： YCQ_ ID</ogc： PropertyName>
    <ogc： PropertyName>myns： NAME</ogc： PropertyName>
    <ogc： PropertyName>myns： SHAPE</ogc： PropertyName>
    <ogc： Filter>
      <ogc： And>
       <ogc： And>
        <ogc： PropertyIsEqualTo>
```

```
<ogc：PropertyName>myns：YCQ_ ID/myns：YCQ_ ID
</ogc：PropertyName>
        <ogc：Literal> 1003036525</ogc：Literal>
        </ogc：PropertyIsEqualTo >
    </ogc：And>
...
    </ogc：And>
  </ogc：Filter>
 </wfs：Query>
</wfs：GetFeature>
```

获取要素响应 XML 如下：

```
<? xml version = 1.0´encoding = ÚTF-8？ >
< wfs：FeatureCollection xsi：schemaLocation = " http：//
www.myserver.com/myns
  http：//localhost：8888/wfsservlet？ featureTypeId=1 http：//
www.opengis.net/wfs
  xmlns：wfs=http：//www.opengis.net/wfs
  …>
  < gml：boundedBy xmlns：gml = " http：//www.opengis.net/
gml" >
      <gml：Box srsName = " SDO：8307" >
        <gml：coordinates>3.0, 3.0 6.0, 5.0</gml：coordinates>
      </gml：Box>
  </gml：boundedBy>
  <gml：featureMember xmlns：gml = " http：//www.opengis.net/
gml" >
  <myns：YCQ fid = " 65100100007" xmlns：myns =
" http：//www.myserver.com/myns" >
      <myns：YCQ_ ID>65100100007</myns：YCQ_ ID>
      <myns：NAME>塔里木盆地</myns：NAME>
      <myns：SHAPE>
```

```
        <gml: Polygon srsName=" SDO：8307"'

    xmlns: gml=" http: //www.opengis.net/gml" >

      <gml: outerBoundaryIs>

       <gml: LinearRing>

        <gml: coordinates decimal=" ." cs="," ts=" " >

              - 30119855, 5109738 - 2988226, 5099854 -
2932876, 5072179

   ...

                  - 1558993, 480333 - 1517480, 4809263 -
1515504, 4825077

          </gml: coordinates>

         </gml: LinearRing>

        </gml: outerBoundaryIs>

       </gml: Polygon>

     </myns: SHAPE>

  ...

     </myns: YCQ>

   </gml: featureMember>
```

5.5.4 Web 目录服务 CSW

Web 目录服务（Catalog Services for the Web，CSW）是 OGC 提出的目录服务规范的具体实现（Oracle 空间实现）。根据这个规范，目录服务支持发布和搜索数据、服务及相关信息对象的描述性信息（元数据）。目录中的元数据描述了可以人为或软件查询、显示的资源，它支持发现和绑定，从而注册信息资源。

基于 CSW 的地学数据共享目录服务模型如图 5-18 所示。CSW 服务指定关于记录类型域和记录视图转换的信息，发布和删除记录类型，为用户分配和收回 CSW 的访问权限。Capabilities 文档指定一个记录类型和支持的操作类型（如插入和删除），由 CSW 生成以响应 GetCapabilities 请求。CSW 服务器使用 Capabilities 模板，并且增加关于记录类型和操作模板用来创建 Capabilities 文档的信息。用户端可以通过 SOAP 接口或者 XML 接口使用 HTTP GET 方法访问 Capabilities 文档。

CSW 处理任何非 GML 格式的空间内容时，必须创建一个名为 extractSDO 的用户定义函数去抽取空间路径信息。此函数为每个有非 GML 格式的空间内容记录创建对应的空间索引。

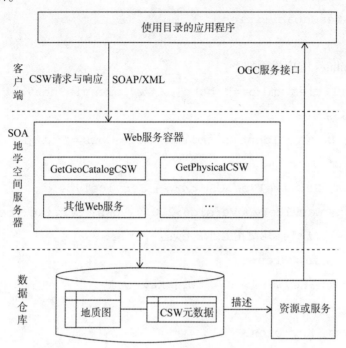

图 5-18 基于 CSW 的地学数据关系目录服务模型

extractSDO 函数的签名如下:

```
extractSDO (
xmlData IN XMLType,
srsNs IN VARCHAR2,
spPathsSRSNSList IN MDSYS.STRINGLISTLIST);
) Return MDSYS.SDO_ GEOM_ PATH_ INFO;
```

GetCapabilities 样例如下:

```
<csw: GetCapabilities service=" CSW"
xmlns: csw=" http: //www.opengis.net/cat/csw"
xmlns: ows=" http: //www.opengis.net/ows" >
  <ows: AcceptVersions>
    <ows: Version>2.0.0</ows: Version>
  </ows: AcceptVersions>
  <ows: AcceptFormats>
```

```
        <ows：OutputFormat>text/xml</ows：OutputFormat>
    </ows：AcceptFormats>
</csw：GetCapabilities>
```

GetCapabilities 响应样例如下：

```
<Capabilities xmlns = " http：//www.opengis.net/cat/csw" ver-
sion = " 2.0.0" …>
    <ows：ServiceIdentification xmlns：ows = " http：//www.open-
gis.net/ows" >
        <ows：ServiceType>CSW</ows：ServiceType>
        <ows：ServiceTypeVersion>2.0.0</ows：ServiceTypeVersion>
        <ows：Title>地质图 CSW</ows：Title>
        <ows：Keywords>
            <ows：Keyword>CSW</ows：Keyword>
    …
        </ows：Keywords>
    </ows：ServiceIdentification>
    < ows：ServiceProvider  xmlns：ows  = " http：//www.open-
gis.net/ows" >
        <ows：ProviderName>中华人民共和国自然资源部</ows：Provider-
Name>
    <ows：ProviderSite ans1：href = " http：//www.oracle.com"
    xmlns：ans1 = " http：//www.w3.org/1999/xlink" />
        <ows：ServiceContact>
    …
        </ows：ServiceContact>
    </ows：ServiceProvider>
    <ows：OperationsMetadata xmlns：ows = " http：//www.opengis.
net/ows" >
        <ows：Operation name = " GetCapabilities" >
            <ows：DCP>
```

```
    <ows: HTTP>
        <ows: Get ans1: href = " http: //localhost: 8888 /Spa-
tialWS /cswservlet"
        xmlns: ans1 = " http: //www.w3.org /1999 /xlink" />
        <ows: Value>GetRecords.outputRecType</ows: Value>
...
        </ows: Parameter>
    </ows: Operation>
...
        </ogc: Scalar_ Capabilities>
        </ogc: Filter_ Capabilities>
    </ows: ExtendedCapabilities>
    </ows: OperationsMetadata>
</Capabilities>
```

5.6 基于 SOA 的栅格空间数据服务

由于栅格数据一般比较大，因此在服务中传输大量的栅格数据不但会增加服务器的负载，而且会对网络通信线路造成一定的影响，因此需栅格数据在保证质量的前提下，变得比原来小许多，采用栅格进行显示和分析就会得到理想的效果，如图 5-19 所示。

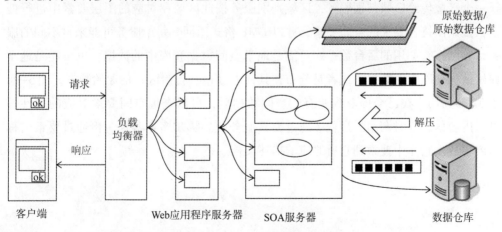

图 5-19 基于 SOA 访问栅格数据的模型

本节简要介绍通过服务形式访问和展示压缩后保存在操作系统或数据库中的栅格数据。

栅格数据可以作为地图服务的一部分发布，也可以与矢量数据一起发布到一个服务实例中，还可以将多个栅格数据单独作为一个服务发布。在栅格数据的访问过程中，采取流式按栅格数据的金字塔组织模式读取，大大加快了栅格数据的显示速度，提高了显示质量。

5.7　基于 SOA 的综合数据服务

5.7.1　通过空间查询提取其他信息

地学数据的查询与分析过程经常浏览空间数据，而且经常根据空间要素查看与其关联的所有属性数据、内容数据、其他空间数据等。现设从地学空间数据仓库、地学原始数据仓库、原始数据等数据源提取数据的服务执行空间查询结果数据的比例尺、坐标和投影等均一样，而且均以 GML 格式提供，在前端机的地图上画一个区域，系统自动完成如下功能：

（1）查询落在某个空间区域内的其他空间数据，如水系、铁矿点、矿产地、测井、成矿区（带）、遥感等；

（2）查询与某个空间要素相关联的所有属性数据、内容数据等。

按区域通过服务提取多种空间数据和其他数据的模式如图 5-20 所示。用户选择一个区域传给区域判别服务，区域判别服务按此区域在对应的图层要素中进行搜索，搜索出符合要求的空间要素，并以 GML 格式返回。每个服务可能来自不同的服务计算网格，调用的后台数据库可能是地学空间数据仓库中的数据，也可能是地学原始数据仓库中的数据，或者是分布在其他省（市、自治区）的原始数据。图 5-20 中 7、8 为用户在已经提取到所有的空间数据后，可以查询空间要素对应的属性信息、内容信息等时调用的过程。通过要素服务找到鄂尔多斯盆地，再通过要素名称从内容数据仓库中搜索到它所对应的描述文档。

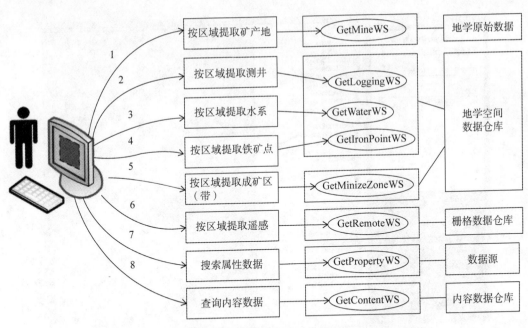

图5-20 按区域通过服务提取多种空间数据和其他数据的模式

在使用基于 Web GIS 的应用程序时，用户希望操作系统方式和传统 C/S 模式的 GIS 应用程序一样。为了不让用户在操作时因同步问题而焦急地等待，该程序采用 AJAX（Asynchronous JavaScript and XML）技术实现服务用户端（Dave Crane，2006），使操作员在浏览器上和以往一样进行 GIS 应用程序的操作，服务器将处理的空间数据结果以图片形式返给用户端。AJAX 是基于异步传输消息的，可以不必等待服务器的处理，但是在传输大量数据时查询性能可能会受到影响。

5.7.2 通过内容查询提取空间信息

输入关键字，对保存在内容数据仓库中的地质成果文档进行全文搜索。搜索的使用方式与 Windwos 基本一致，这样用户会感觉自然。可以根据查询的结果寻找对应的空间信息或与成果报告相关的其他属性信息，也可以通过基于内容数据服务对地质成果文档进行更深入的加工，如智能搜索的结果可以形成一个地质报告的概述。还可以把一个内容搜索的结果作为另一个搜索的输入，形成一个搜索链。

在基于 Web GIS 的应用程序中输入"白垩世"作为"石油—盆地专题"的成果文档内容全文搜索的关键字，经过搜索，在该程序界面的右侧将会列出内容包含"白垩世"的文档，选择某一个文档后，应用程序在后台调用基于 WFS 的服务，查找对应的盆地空间要素，如图 5-21 所示。

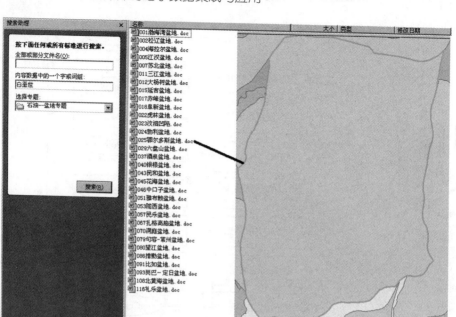

图 5-21 通过内容搜索结果搜索对应的空间要素

5.8 基于 SOA 的属性全库搜索

使用搜索引擎搜索信息很方便，但有的地质专家希望查词更彻底、更快、更准确，即输入一串以空格分隔的关键字，在保证数据结构不变的情况下（不允许预先转换成字符串），找出数据库或数据仓库中每个表中每条记录的每个字段里包括这些关键字的数量，甚至在搜索结果中继续缩小搜索范围，形成递归搜索。

设输入的关键字串为 S，经过处理得到有效关键字集合 $K = \{K_1, K_2, \cdots, K_n\}$，$K_i$ 为第 i 个关键字，$i = 1, 2, \cdots, n$，n 为关键字集合里关键字的个数。设要搜索的数据集 $F = \{F_1, F_2, \cdots, F_l\}$，数据子集 $F_j = \{R_1, R_2, \cdots, R_m\}$，$j = 1, 2, \cdots, l$；$R_k$ 为数据子集 F_j 的第 k 行数据，$k = 1, 2, \cdots, m$；R_i 有 p 个列 $C = \{C_1, C_2, \cdots, C_p\}$。

搜索过程如下：

（1）生成关键字集合；

（2）打开数据集；

（3）提取一个新数据子集，如果是最后一个子集，则转到第（9）步；如果不是最后一个子集，则打开当前子集；

（4）提取一个新数据行，如果是最后一条记录，则转到第（3）步；

（5）若不是最后一条记录，则提取一个新列，如果是最后一个列，则转到第（4）步；

（6）提取一个新关键字，如果是最后一个关键字，则转到第（5）步；

（7）转换当前列的当前值到字符串，如果当前关键字在当前列的值中存在，则记录集、行、列、字；

（8）转到第（6）步；

（9）退出并显示搜索结果。

将输入的字符串构建成有效的关键字集，从数据仓库的元数据中提取出当前可以使用的所有的表集合 T，在不考虑性能的前提下的全库搜索描述伪代码如下：

```
for tj in T
{
    按表名及表与其他表的关系生成联合查询
    从对应的表中提取出对应的有效记录 R
    For r in R
    {
        For i=0 to n //n 为当前记录的列数
        {
            判断当前列的值中包含了所有关键字中的哪几个
            记录搜索结果并添加到查询结果集合中
        }
        下一条记录
    }
    …
    下一张表
}
```

该程序可以根据关键字对数据库、数据仓库中的一个或多个实体中的数据进行全库搜索，能够指定要查找的关键字集中的某些关键字在记录中的位置，为决策支持提供详细的搜索结果。

由于本方法要逐个表、逐个记录、逐个列的进行查询、转换、比对，速度相对比较慢，在海量地学数据中很难实现全库搜索（限制在小范围内可以），因此如果要在海量地学数据仓库中继续有效使用此方法，需要对算法、查询模式、数据存储模式等进行新的设计。

5.9 基于 SOA 的地学数据服务的两种优化模型

在基于 SOA 的地学数据服务中，主要通过 Web 服务组件实现服务，而数据交换是通过 XML 文件进行的。在数据量较大时，经常会出现 XML 文件中的描述内容比实际的数据内容多的情况，而且提供者生成数据、传输数据、请求解析时均要花费大量的时间，并占用带宽，使用户等待时间长，系统服务的性能下降。在进行地学数据分析时往往一个分析请求可能调用的数据就是几十、几百兆字节，甚至吉字节的数据，故性能是一个焦点问题。

5.9.1 Web 服务查询结果重构及优化模型

大量地学数据集 $S = (D, R, C)$，D 是数据表的集合，R 是关系的集合，C 为约束的集合。正常使用 Web 服务查询到 S 后，S 在内存中是以 XML 格式存在的。

现通过 Web 服务和 CIS 模式不通过 Web 服务查询符合条件的全国 20 万重砂样品数据（198 万多条），考虑到在 Internet/Intranet 上传输数据受网络的影响，结果不能说明问题，因此将 SOA 服务器和用户端均部署在一台既作为服务器又作为用户端的机器上。如果在局域网或广域网上做此功能测试，则消耗的时间会比表 5-4 中列出的时间大得多。

将通过 Web 服务进行查询和 C/S 模式不通过 Web 服务查询重砂数据所消耗的时间进行对比，并给出生成的对应 XML 文件的大小。测试使用的计算机配置和软件信息如表 5-1 所示，重砂样品基本信息的数据结构如表 5-2 所示，重砂样品数据（部分）如表 5-3 所示。

表 5-1 测试使用的计算机配置和软件信息

类别	名称	说明
硬件	CPU	Intel（R）Core（TM）2 2.2GHz
	内存	2.0GB
	硬盘	西部数据 160GB
	网卡	Intel（R）82566MM Gigabit Network Connection 100M
软件	应用程序服务器	IIS
	操作系统	Windows XP
	数据库	Microsoft SQL Server 2005
	开发工具	Microsoft Visual Studio 2005
	开发模式	C/S、B/S（Web 服务）

表 5-2 重砂样品基本信息的数据结构

序号	数据项名	数据项代码	数据类型	长度	备注
1	统一编号	PKIAA	字符	10	必填项
2	1∶200 000 图幅编号	CHAMAA	字符	9	
3	实际材料图图幅编号	CHAMAAZ	字符	10	必填项
4	样品编号	PKHFB	字符	16	必填项
5	横坐标 X	DWAAC	数值	8	必填项，数据单位为 m
6	纵坐标 Y	DWAAD	数值	7	必填项，数据单位为 m
7	经度	X	数值	13.7	
8	纬度	Y	数值	13.7	
9	样品原始重量	ZSYPZL	数值	4.1	必填项，数据单位为 kg
10	重砂总重量	ZSZZL	数值	8.2	数据单位为 g
11	缩分次数	ZSSFCS	数值	1	
12	缩分后重量	ZSSHZL	数值	6.2	数据单位为 g
13	采样深度	ZSCYSD	数值	6.1	数据单位为 cm
14	所在子区	ZSZQ	字符	4	
15	磁性部分重量	ZSCXZL	数值	12.6	数据单位为 g
16	电磁性部分重量	ZSDCXZL	数值	12.6	数据单位为 g
17	重部分重量	ZSZKWZL	数值	12.6	数据单位为 g
18	轻部分重量	ZSQKWZL	数值	12.6	数据单位为 g
19	备注	PKIIZ	字符	100	

表 5-3 重砂样品数据（部分）

PKIAA	CHAMAA	CHAMAAZ	PKHFB	X	Y	...
1300300001	K-50-［16］	K50D006008	16t00001	117. 973 05	42. 1357 23	...
1300300002	K-50-［16］	K50D006008	16t00002	117. 910 8	42. 225 773	...
1300300003	K-50-［16］	K50D006008	16t00003	117. 919 46	42. 2286 93	...
1300300004	K-50-［16］	K50D006008	16t00004	117. 925 04	42. 222 85	...
1300300005	K-50-［16］	K50D006008	16t00005	117. 934 7	42. 235 519	...
1300300006	K-50-［16］	K50D006008	16t00006	117. 932 99	42. 227 242	...
1301903248	K-50-［31］	K50D012001	31t03248	114. 386 38	40. 028 769	...
1301903254	K-50-［31］	K50D012001	31t03254	114. 452 22	40. 028 706	0
1301903255	K-50-［31］	K50D012001	31t03255	114. 498 29	40. 030 178	0

使用 Web 服务和 C/S 模式不使用 Web 服务查询重砂数据并输出为 XML 所消耗的时间对比如表5-4 所示。通过 WinForm 直连数据库要比调用 Web 服务提取重砂数据的速度快得多，而填充本地应用程序中的表格控件也要消耗大量时间，另外 Web 服务在生成过大的 XML 数据时，Web 服务变得不稳定。

表 5-4 查询重砂数据并输出为 XML 消耗的时间对比

记录数	本地 C/S 直连库查询并不填充表格消耗的时间/s	本地 C/S 调用 Web 服务并填充表格消耗的时间/s	本地 C/S 调用 Web 服务不填充表格消耗的时间/s	XML 文件的大小/KB
1 000	0.2	0.5	0.3	499
5 000	0.3	0.7	0.5	2 481
10 000	0.7	1.4	1	4 955
50 000	1.5	5	4	24 867
100 000	2	11	6	50 161
250 000	4.5	29	18	126 212
500 000	8	62	42	252 091
750 000	11	内存溢出	72	376 926
1 000 000	14		74	510 608
1 500 000	19		内存溢出	760 017
1 900 000	29			961 071

为了提高基于 XML 的数据交换性能，可以将生成的 XML 文件压缩后再进行传输压缩，这样会节省很多的时间。XML 格式的重砂数据压缩前后时间与文件大小的对比如表 5-5 所示。压缩后的 XML 文件大小是压缩前的 1/17，这将在海量数据查询时提高数据的传输速度，减少带宽的占用。但是由于 XML 文件中描述性的内容过多，消耗了很长的压缩时间（压缩的时间与调用 Web 服务生成的 XML 文件的时间相近）。

表 5-5 XML 格式的重砂数据文件压缩前后对比

记录数	本地 C/S 直连库查询并不填充表格消耗的时间/s	本地 C/S 调用 Web 服务并填充表格消耗的时间/s	本地 C/S 调用 Web 服务不填充表格消耗的时间/s	XML 文件的大小/KB	压缩后的 XML 文件大小/KB	压缩使用时间/s
1 000	0.2	0.5	0.3	499	30	0.3
5 000	0.3	0.7	0.5	2 481	141	0.5
10 000	0.7	1.4	1	4 955	271	1.2
50 000	1.5	5	4	24 867	960	4
100 000	2	11	6	50 161	5 119	9
250 000	4.5	29	18	126 212	8 094	22
500 000	8	62	42	252 091	15 551	46
750 000	11	内存溢出	70	376 926	23 093	67
1 000 000	14		74	510 608	30 066	87
1 500 000	19		内存溢出	760 017	44 601	128
1 900 000	29			961 071	57 285	163

由以上压缩结果可知，由 XML 带来的性能下降问题的根本原因是描述数据过多，甚至比真实数据还要多。故可以采取内容重构的方法解决此问题，即服务器端调用 Web 服务生成的 XML 格式数据，重新进行内容编排（或在调用时就直接生成文本文件而不是 XML 文件）。重构之后的内容分成两部分（两个文件）：第一部分为数据模式（一个 XML 文件），描述有哪些字段、字段类型等；第二部分是内容，不带任何描述信息（最基本的 XML 描述也不用，因为"<row></row>"这 11 个字符看似较少，若在描述十万、几十万、几百万条记录时就是一个大数目），以某种特殊符号表示一行结束（#或换行），如<tab>键分隔等（使用一个文本文件）。直接传到用户，再在用户端恢复原格式。虽然多了两步重新格式化，但是数据量远远小于直接生成的 XML 格式文件，服务器压力会小许多，在海量数据搜索时速度会明显

提升。Web 服务查询结果重构及压缩的交互模式如图 5-22 所示，数据重构后的文件格式及内容如图 5-23 所示。

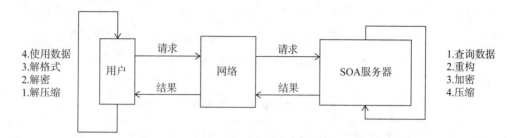

图 5-22　Web 服务查询结果重构及压缩的交互模式

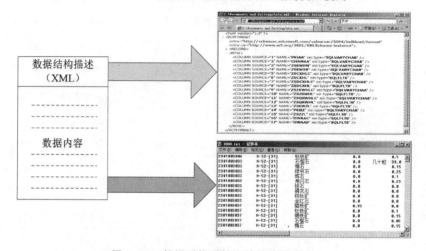

图 5-23　数据重构后的文件格式及内容

在查询符合条件的记录时，采用批量提取的方法，并将提取、重构之后的文件进行压缩。调用 Web 服务生成重构文件的大小、提取时间、压缩时间、压缩后的文件大小等信息如表 5-6 所示。

表 5-6　重构之后的文件信息

记录数	批量查出并生成文本文件时间/s	文本文件大小/KB	压缩文本文件的时间/s	文本文件压缩后大小/KB
50 000	0.48	4 158	0.5	211
100 000	0.95	8 335	0.8	426
250 000	2.4	20 806	2	1 065
500 000	4.76	41 762	4	1 536
750 000	7.3	62 581	6.5	3 278

续表

记录数	批量查出并生成文本文件时间/s	文本文件大小/KB	压缩文本文件的时间/s	文本文件压缩后大小/KB
1 000 000	10.7	83 220	9	4 389
1 500 000	14.7	124 665	13.5	6 659
1 900 000	18.75	158 833	18	8 466
3 000 000	29.6	254 423	28	13 803
5 000 000	49.75	430 092	50	24 558
7 500 000	78.3	646 766	76	37 743

由表 5-6 可以看出，提取同样数量的重砂数据的时间、重构文件的大小等数据均远小于原始 XML 格式的数据，而压缩之后数据文件的大小接近重构文件数据大小的 1/20，是传统 XML 格式结果文件数据大小的 1/122。

为了保证安全性，可以在压缩前按选择的方法进行加密（加密也会影响查询的性能），在用户端解密。为了加快访问速度，可以在服务器端加入 Web 缓存。

如果只希望采用 XML 格式数据，较好的一种方法是由 Web 服务每次只提取符合查询条件的前 100 条（可以是定制的）记录返给用户端，这主要是因为用户端的一个屏幕上一次显示的数据是有限的。

5.9.2 基于 Socket 服务器的地学数据共享模型

第一种模式是基于 B/S 模式、HTTP 协议、Web 服务模式，以 XML 文本文件进行数据交换及传输的，一般是同步传输，需要用户端等待（AJAX 虽然可以实现异步，但是服务器的并发访问仍是一个问题）。如果多个用户同时请求上百兆字节、几百兆字节或上吉字节的数据，则可能出现访问"无响应"现象。可以考虑不使用 Web 服务进行查询及数据交换，由基于 Socket 服务器上的功能来完成服务（小数量的访问也可以是 Web 服务），即在服务器端构建一个 Socket 服务器，用户端通过 TCP 或 UDP 连接服务器，如图 5-24 所示。在服务器端，用户的请求以队列形式保存，基于多线程方式工作的服务器软件以轮询方式逐个处理每个用户的请求，避免用户端无响应。

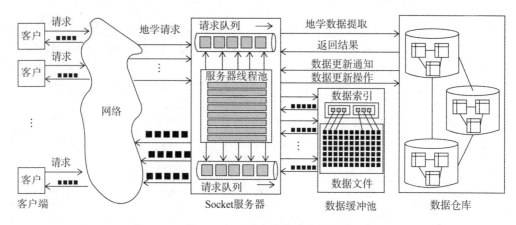

图 5-24　基于 Socket 服务器的地学数据服务模型

为了加快数据传输，保证数据的质量，Socket 服务器采用数据缓冲池方法，用户第一次请求数据时，如果数据在数据缓冲池中不存在，则连接数据库，到数据库中提取对应的数据，并把这些数据保存在数据缓冲池中，把数据压缩后打成小数据报（一般 500 条/1 000 条一个数据报，500 条/1 000 条重砂样品测验数据压缩后只有 2.5KB/5KB）以点对点（P2P）形式发送给用户；如果要访问的数据在数据缓冲池中存在，则直接提取用小数据报以点对点的形式发送给请求者。将所有的数据直接保存在数据缓冲池中是不现实的，因此数据在数据缓冲池中按主题分类并以压缩的方式保存。为了加快访问速度，建立了自定义索引文件以快速定位要提取的数据所在的小压缩文件包。

数据缓冲池中的压缩文件包带来的问题是：如果数据仓库服务器中的数据被删除、被修改可能会带来数据的不一致。因此可以使用数据库触发机制通知服务器软件哪个数据有更新，由服务器软件根据索引更新对应压缩文件包中的数据。

由一组专门负责更新的线程处理实现压缩文件包中的数据更新，更新步骤如下：

（1）数据库通知服务器程序哪个数据被删除或修改；

（2）如果是增加操作，服务器负责更新的线程查找数据缓冲池中的索引，确定是否存在这样的数据，不存在则增加数据，存在则以新的数据代替原数据；

（3）若是更新操作，则按照打开、修改/删除、关闭压缩文件包的顺序完成更新。注意处理好压缩文件包的更新及查询的并发问题，如果更新前有线程正在提取，则等其提取完成后再更新；更新过程中，如果有线程要访问，则在更新之后返回结果（每个数据报非常小，更新的时间短）。

基于 Socket 服务器的方式，服务器和用户端的编程较多，程序逻辑较为复杂，还支持断点续传、均衡负载等。

第6章
地学空间分析与数据挖掘

6.1 地学空间分析

6.1.1 空间分析

空间分析 (Spatial Analysis) 是利用一定的理论和技术对空间的拓扑结构、叠置、图像、空间缓冲区和距离等进行分析的方法总称，目的是发现有用的空间模式。空间分析常用的方法有叠加分析 (Overlap Analysis)、缓冲区分析 (Buffer Analysis) 和网络分析 (Network Analysis) 等。下面主要对矿产的资源量进行空间分析，主要研究叠加分析和缓冲区分析，在矿区选址、油气管道架设等方面可以使用网络分析。

6.1.2 地学空间叠加分析

1. 叠加分析原理

为了反映分层存储的不同要素之间的空间关系，可以将两个或多个图层叠加相交分析。叠加分析是指将同一地区、同一比例尺、同一数学基础、不同信息表达的两组或多组专题要素的图形或数据文件进行叠加，根据各类要素与多边形边界的交点或多边形属性建立具有多重属性组合的新图层，并对那些在结构和属性上既相互重叠，又相互联系的多种现象要素进行综合分析和评价；或者对反映不同时间同一地理现象的多边形图形进行多时相系列分析，从而深入揭示各种现象要素的内在联系及其发展规律的一种空间分析方法。地学空间数据叠加分析可以提取隐含的信息，如将矿产分布图与行政区划图叠加，可以查询某矿产属于哪个省（市、自治区）、某个省（市、自治区）包含几个矿种、每个矿种有多少个矿床等。

从数学角度来看，叠加分析对新要素的属性按一定的数学模型进行计算分析，涉及逻辑交、逻辑并、逻辑差等运算。交集操作通过叠加处理得到两个图层的交集部分，原图层的所有属性将同时增加到新图层上，即 $x \in A \cap B$（A、B 是进行交集操作的两个图层）

2. 叠加分析的类型

根据操作要素的不同，叠加分析可以分成点与多边形叠加、线与多边形叠加、多边形与多边形叠加；根据操作形式的不同，叠加分析有图层擦除、识别叠加、交集操作、对称区别、图层合并，及修改更新。

叠加操作一般可以在点与面、线与面、面与面之间进行。在地学矿产资源评价中，点与面、面与面的叠加使用最为广泛。本节主要介绍面与面的交集叠加原理，以及对石油的资源量分布情况进行空间叠加分析。两个多边形常见的交集操作有重合、包含、单相交、多相交、相离、相切等，如图 6-1 所示。

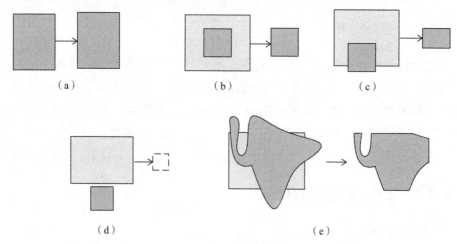

图 6-1　多边形的交集叠加

（a）重合；（b）包含；（c）单相交；（d）相离；（e）多相交

3. 叠加分析举例

在金土工程一期"我国石油、煤炭、铁矿、钾盐矿产资源潜力数据库建设"中，全国石油预测区（盆地）共有 122 个，这些盆地均保存在空间要素图层 O 中：

（1）$O = O_1 \cup O_2 \cup \cdots \cup O_n$；

（2）$O_i \cap O_j = \varnothing$，$i \neq j$，$i$，$j = 1$，$2$，$\cdots$，$122$。

我国行政区划目前有 34 个省（市、自治区），由于石油的盆地在渤海海域、东海海域、黄海海域、南海海域也有分布，因此其叠加分析使用的空间图层中需增加渤海海域等 4 个要素，本书称其为石油行政区划 $P = \{$北京，上海，黑龙江，…，南海海域$\}$，即：

（1）$P = P_1 \cup P_2 \cup \cdots \cup P_m$，$m$ 是石油行政区数量；

（2）$P_i \cap P_j = \emptyset$，$i \neq j$，i，$j = 1$，2，…，m。

1）石油与石油行政区划的叠加分析算法

①石油与石油行政区划叠加的空间要素表示如下：

②$C = C_1 \cup C_2 \cup \cdots \cup C_n$，$C_i$ 为每个预测区与行政区划叠加结果集合，n 为石油预测区的数量。

③$C_i = O_i \cap P$，$i = 1$，2，…，k，其中 $C_i = M_1 \cup M_2 \cup \cdots \cup M_k$，$k$ 为当前预测与行政区划叠加有结果的区划要素数量。

④由于一个石油预测区落在每个省内的区域有一个或多个，因此 $M_{ij} = M_{i1} \cup M_{i2} \cup \cdots$，$M_{in}$，$i = 1$，2，…，$n$，$j = 1$，2，…，$p$，$n$ 为预测区个数，p 为预测区 C_i 在某省内叠加结果的多边形数量。

⑤设 R 为预测区的资源量信息，$r_i \in R$，$i = 1$，2，3，4，5，6；其中 $r_1 = $ Reserves，$r_2 = $ BasicReserves，$r_3 = $ Resouces，$r_4 = $ Resouce334-1，$r_5 = $ Resouce334-2，$r_6 = $ Resouce334-3。

对石油与石油行政区划进行空间叠加分析，根据面积百分比计算资源量分配的核心算法描述如下：

```
//提取石油所有的预测区
O=m.GetAllFeaturesByMineral (1003);
//提取所有的行政区划，也可以是更详细的区域
P=op.GetAllFeaturesOfOilProvince ();
for Oᵢ∈O
{
    Array arrResource=m.GetResourcesByID (Oᵢ.ID);
    Q=P∩Oᵢ; //GetProvincesOverlapWith (Oᵢ);
    For Qⱼ∈Q
    {
        Cᵢ=Oᵢ∩Qⱼ
```

```
A_i =ComputeTotalArea (C_i);
    percentage=A_i /O_i;
    for k=0; k<= arrResource.Length; k++
      arResourceResult [k] = arrResource [k] * percentage;
    } //end block for
  AddComputeResult (O_i.ID, C_i, P_j, arResourceResult);
} //end block for
```

计算之后，在第 7 章对应的位置给出分析选择，分析结果的图表。

2）石油与石油大区的叠加分析算法

石油与石油大区的叠加分析算法与石油和行政区划的叠加分析算法一致，把行政区划换成了石油大区 $Z=$ ｛东部区，中部区，西部区，南方区，青藏区，海域｝即可。

6.1.3　地学空间缓冲区分析

1. 缓冲区原理

缓冲区分析（Buffer Analysis）是地理信息系统中经常使用的一种空间分析，是对空间特征进行度量的一种重要方法。缓冲区根据空间数据库中的点、线、面地理实体或规划目标，自动建立其周围一定宽度范围的多边形。

1）缓冲区定义

缓冲区是对一组或一类地图要素（点、线或面）按设定的距离条件，围绕这组要素而形成具有一定范围的多边形实体，从而实现数据在二维空间扩展的信息分析方法。

从数学的角度来看，缓冲区是给定空间对象或集合后获得的它们的邻域。邻域的大小由邻域的半径或缓冲区建立条件来决定。对于一个给定的对象 A，它的缓冲区可以定义为 $P=$ ｛ $x \mid d\ (x,\ A)\ \leq r$ ｝，d 可以是欧式距离，也可以是其他的距离；r 是邻域半径或缓冲区建立的条件。

2）缓冲区类型

缓冲区主要有点缓冲区、线缓冲区、面缓冲区。点缓冲区有圆形、三角形、矩形和环形等缓冲区，如图 6-2 所示；线缓冲区有双侧对称、双侧不对称、单侧等缓冲区，如图 6-3 所示；面缓冲区主要有仅外延、仅内缩、外延加内缩等缓冲区，如图 6-4 所示。

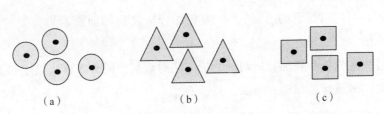

图 6-2 点缓冲区类型

(a) 圆形缓冲区；(b) 三角形缓冲区；(c) 矩形缓冲区

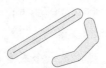

图 6-3 双侧对称缓冲区

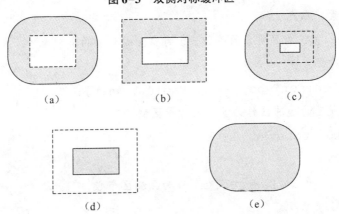

图 6-4 面缓冲区类型

(a) 仅外延缓冲区；(b) 仅内缩缓冲区；(c) 外延加内缩缓冲区；

(d) 面要素减内缩缓冲区；(e) 面要素加外延缓冲区

2. 缓冲区分析与叠加分析在我国煤炭资源分析中的组合算法

缓冲区与叠加分析组合分析煤炭分布算法描述如下。

(1) 设 A 为源空间要素对象，则有 "A. Type in {Point，Line，Polygon}"；

(2) $B=f(A，T，R，M)$ 为生成缓冲区的数学表示。其中，f 为缓冲区操作函数；A 为源空间要素对象；T 为要生成的缓冲区类型，R 为缓冲区半径；B 为将 A 按缓冲区类型和半径生成的缓冲区多边形。$T=\{T_O，T_L，T_P\}$，T_O 为点缓冲区类型集合，T_L 为线缓冲区类型集合，T_P 为面缓冲区类型集合；M 是缓冲区半径的单位集合，用程序语言表示为 "R. Unit in M"。

(3) $D=f(B，C)$，B 为缓冲区多边形（可以是任意的面要素图层），C 为某矿种的预测区（可以是任意的图层），D 为叠加分析之后的面要素集合，对此集合进行地学资源量分配处理。

使用缓冲区分析和叠加分析两种分析方法对煤炭空间分布算法描述如下：

//指定空间缓冲区图形，如点、线、面

Set operationType＝FeatureType；

//设置缓冲区类型、缓冲区半径和半径的单位（度、千米、米等）

Set bufferType＝BufferFeatureType；

Set bufferRadius＝dRadius

//选择要叠加分析的预测区，可以是一个或多个 L

L＝F（M）；//M 是图层的集合

//生成要素：画点、线、面，A

A＝g（t）；//g 为画要素的函数，t 为要生成要素的类型

//生成缓冲区：B

B＝f（A，bufferType，bufferRadius，unit）；

//设置生成后的缓冲区作为叠加的背景区域

Set backgroudLayer＝B；

//循环预测区

For $L_i \in L$ i＝1，2，…，n//n 为预测区个数

{

　　//判断当前预测区有多少个预测区落在了缓冲区内，Y

　　For $Y_j \in Y$

　　 {

　　　//计算与 Y_i 相交叠加后的区域

　　　C＝$Y_j \cap L_i$；

　　　$C_k \in C$，k＝1，2，…，n//Y_j 与 L_i 相交的区域数量

　　　//计算 Y_j 与 L_i 相交叠加后的区域的总面积

　　　sumArea＝Sum（C_1，C_2，…，C_m）；

　　　//计算叠加后的区域总面积占原区域面积的百分比

　　　percentage＝ sumArea/Y_j

　　　//提取当前预测区的所有资源量汇总值 R

　　　$R_i \in R$，i＝1，2，…；6

```
R_i ∈ R = Ri * percentage
//添加到对当前预测区的分析结果集合中
AddIntoResult (Y_j, C_k, R, percentage)
//下一个预测区
MoveNextFeature ();
} //end block for
//下一个矿种的预测区图层
MoveNextYCQ
} //end block for
//输出结果
OutputComputeResult ();
```

6.2 聚类分析及应用案例

6.2.1 聚类分析原理

聚类分析（Clustering Analysis）又称为群分析、点群分析、簇分析、簇群分析等，它将数据对象分组成多个类或簇，使同一个类或簇中的对象之间具有较高的相似度，而不同类或簇中的对象差别较大。

假设被分类的全体对象为一个集合 U，即把 U 分成若干子集 U_1，U_2，$\cdots$，U_n，使其满足：

（1）$U_1 \cup U_2 \cup \cdots \cup U_k = U$；

（2）对于任意的 $i \neq j$，有 $U_i \cap U_j = \varnothing$，$i$，$j = 1$，2，$\cdots$，$k$。

下面简要介绍系统聚类分析的原理与步骤。

1. 原始数据

设有 n 个样本，每个样本有 m 个参数，则原始数据可以表示为 $n \times m$ 阶矩阵形式，如式 6-1 所示。

$$X = \begin{pmatrix} x_{11} & x_{12} & \cdots & x_{1j} & \cdots & x_{1m} \\ x_{21} & x_{22} & \cdots & x_{2j} & \cdots & x_{2m} \\ \vdots & \vdots & & \vdots & & \vdots \\ x_{i1} & x_{i2} & \cdots & x_{ij} & \cdots & x_{im} \\ \vdots & \vdots & & \vdots & & \vdots \\ x_{n1} & x_{n2} & \cdots & x_{nj} & \cdots & x_{nm} \end{pmatrix} \qquad (6-1)$$

其中，每行代表一个样品，每列代表一个变量；x_{ij} 表示第 i 个样品在第 j 个变量上的取值（$i=1,2,\cdots,n$；$j=1,2,\cdots,m$）

2. 数据标准化

由于原始数据的参数单位不同，甚至数量级相差较大，为使它们无量纲差别，需要对原始数据进行预处理——标准化。设 x_{ij} 是原始数据，变换后的新数据为

$$x'_{ij} = \frac{x_{ij} - \bar{x}_j}{\sigma_j} \qquad (i=1,2,\cdots,n; \ j=1,2,\cdots,m) \qquad (6-2)$$

其中第 j 个变量的样本均值为

$$\bar{x}_j = \frac{1}{n} \sum_{i=1}^{n} x_{ij} \qquad (6-3)$$

样本标准差为

$$\sigma_j = \sqrt{\frac{1}{n} \sum_{i=1}^{n} (x_{ij} - \bar{x}_j)^2} \qquad (j=1,2,\cdots,m) \qquad (6-4)$$

3. 计算相关系数

标准化以后，变量间的相关系数仍等于原始变量的相关系数，即可以使用标准化后的变量关系刻画原始变量关系。

相关系数为

$$r_{ij} = \frac{\dfrac{1}{n} \sum_{k=1}^{n} (x_{ki} - \bar{x}_i)(x_{kj} - \bar{x}_j)}{\sqrt{\dfrac{1}{n} \sum_{k=1}^{n} (x_{ki} - \bar{x}_i)^2 \dfrac{1}{n} \sum_{k=1}^{n} (x_{kj} - \bar{x}_j)^2}}$$

$$= \frac{1}{n} \sum_{k=1}^{n} \frac{x_{ki} - \bar{x}_i}{\sigma_i} \frac{x_{kj} - \bar{x}_j}{\sigma_j} = \frac{1}{n} \sum_{k=1}^{n} x'_{ki} x'_{kj} \qquad (6-5)$$

m 个变量的相关矩阵是 m 个变量之间的相关系数所构成的 m 阶方阵，记为

$$\boldsymbol{R} = (r_{ij}),\ \boldsymbol{R} = \begin{pmatrix} r_{11} & r_{12} & \cdots & r_{1m} \\ r_{21} & r_{22} & \cdots & r_{2m} \\ \vdots & \vdots & \vdots & \vdots \\ r_{m1} & r_{m2} & \cdots & r_{mm} \end{pmatrix} \tag{6-6}$$

矩阵 $\boldsymbol{R}$ 是对角线元素 r_{ii} 全部为 1 的对称矩阵。

4. 建立分类谱系图

系统聚类分析是使类由多变到少的一种聚类方法，对象之间的相似性可以使用相关系数 r_{ij} 进行度量。

系统聚类分析的基本步骤如下：

（1）首先认为 n 个对象每个自成一类；

（2）根据两个对象之间的相似性，将最相近的两个对象（相关系数最大）合并成一个新类；

（3）重新计算新类与其余各类之间的相似性；

（4）重复以上过程至所有对象聚为一类。

在计算出分类对象之间的相关矩阵后，为了便于分析，可将对象分成不同级别的类或点群，再将分类结果用比较直观的二维谱系图表示。

5. 结果分析

结合地质背景等，对分类谱系进行较为详尽的元素形态分析，并给出相关结论。

6.2.2　系统聚类分析在德兴铜矿环境评价中的应用

1. 研究背景

因资源开采过程中未很好地处理资源利用与环境的关系，环境污染问题越来越严重。重金属污染是矿区环境污染中的严重问题之一，重金属对矿区周边生物的多样性有很大影响，并可以通过地下水、土壤、植物等途径进入人体，危及人体健康。

德兴铜矿由于多年的采矿积累了大量的低品位矿石和废矿石，这些矿石堆积在废石场和村庄附近。在铜的回收利用过程中，喷淋矿石浸取铜的过程产生了大量的氧化酸性废水。由于多年来环境保护意识淡薄和当地环保设施利用率低等多种因素，大量流入大坞河的酸性废水与重金属严重污染了其下游流域及周边地区，大片良田变成荒地。虽然近年来许多专家对此类环保问题进行了探讨，但仍需进一步研究重金属（Cu、As、Cd、Mo、Pb、Zn 等）及其他污染物在该地区的迁移转化和对环境、生态系统影响的问题。

本书的研究区为江西德兴铜矿及金、银、铅、锌矿集区为中心的乐安河水系流域，位于江西省东北部，东经 117°~118°、北纬 28°40′~29°20′范围内。该铜矿分属于景德镇市和上饶市管辖，主要以矿产资源开发的工矿业为主。矿区是一个以黄铜矿为主的多元素共硫化物矿床，共生元素有 Cu、S、Fe、Pb、Zn、Mo、Ag、Au、Ca 等。矿石储量大，矿体埋藏浅，铜品位虽低但较均匀。大坞河流经矿区腹地，全长 14 km，在矿区北部流入乐安河后汇入鄱阳湖。

2. 样品采集及分析方法

1）样品采集

考虑到实际地形条件及其他因素的影响，样品采集应尽量避开居民点的代表性区域。在大坞河流域采集了 26 件样品，其中上、中、下游分别取 10 件、2 件、14 件。在实际形态分析时选取 20 件，其中上游 4 件、中游 2 件、下游 14 件。

2）元素形态分析方法

采用 PS-4 型电感耦合等离子原子发射光谱仪测量土壤中 Cu 元素的含量，采用连续提取法分析土壤样品中的重金属元素 Cu 的形态。

元素形态分析连续提取实验用于测定环境样品中特定元素的形态，是确定污染真实程度、评价元素毒性、研究其迁移转化规律的重要依据。元素形态分析前要进行样品处理，对样品进行分离和预富集处理，微波辅助萃取、固相微萃取加速溶剂萃取和聚焦微波萃取等先进的分离技术，这些技术在样品分析前的处理中运用非常广泛。元素形态分析主要对水溶态、吸附态、碳酸盐态、硫化物态、有机物态、硅酸盐态重金属进行形态分析，分析结果为重金属迁移转化的深入研究提供最有力的数据支持。水溶态的重金属是活性的，遇到水即可从样品中分离出来；吸附态的重金属主要通过扩散作用和外层络合作用非专属性地吸附在土壤或沉积物的表面上，用离子交换的方式即可将它们萃取下来；碳酸盐态的重金属一般是由于沉淀或共沉淀作用与 $CaCO_3$ 反应而沉淀下来的，用弱酸可将此态的重金属溶解出来；硫化物态的重金属可用氧化剂将样品中的硫化物氧化并萃取出来；有机物态的重金属可用氧化剂将样品中的有机物氧化并萃取出来；硅酸盐态的重金属在自然界正常条件下不易释放，能长期稳定存在，不易吸收。

3）样品及指标

在聚类分析过程中，遴选样品、保留有用变量、剔除不必要变量是非常重要的。通过具体的元素形态分析得出大坞河上、中、下游土壤样品元素的形态数据，取 20

个样本、6种形态作为变量指标得到如表6-1所示的数据。

表6-1 大坞河流域土壤样品铜元素多种形态数据

样本	Cu I	Cu II	Cu III	Cu IV	Cu V	Cu VI	位置
4-18T04-1	0.13	0.20	5.0	9.6	27	38	上游
4-18T04-2	0.17	0.30	5.7	14.6	26	27	上游
4-18T04-3	0.28	0.19	4.1	12.0	20	23	上游
4-18T04-4	0.14	0.35	7.5	17.5	18	27	上游
4-18T01-1	1.39	12.25	192.0	171.2	207	133	中游
4-18T01-2	3.58	5.69	160.2	133.8	210	198	中游
4-16T03-1	2.46	9.24	246.2	191.3	239	193	下游
4-16T03-2	1.86	8.05	235.1	218.3	279	198	下游
4-16T03-3	0.77	2.77	67.4	114.8	160	131	下游
4-16T03-4	0.34	1.70	55.0	78.9	94	131	下游
4-16T03-5	0.34	4.29	109.9	117.8	1.44	159	下游
4-16T03-6	0.74	5.07	125.9	105.7	159	139	下游
4-16T03-7	0.41	3.45	99.4	127.8	148	108	下游
4-16T03-8	0.39	1.77	55.7	85.0	116	120	下游
4-16T04	4.49	0.82	38.7	23.8	227	128	下游
4-16T05	1.26	3.45	98.8	162.8	144	156	下游
4-16T06	1.44	4.46	156.2	212.1	192	120	下游
4-16T07-1	0.94	3.96	58.7	103.7	84	50	下游
4-16T07-2	0.67	2.00	47.2	62.5	116	50	下游
4-16T08	0.29	1.71	4.6	2.8	24	21	下游

注：I为水溶态；II为吸附态；III为碳酸盐态；IV为硫化物态；V为有机物态；VI为硅酸盐态。

4）相关系数矩阵

通过数据标准化和相关系数的计算，得出变量之间最初的相关系数矩阵如下：

$$R = \begin{array}{c} \\ CuI \\ CuII \\ CuIII \\ CuIV \\ CuV \\ CuVI \end{array} \begin{pmatrix} CuI & CuII & CuIII & CuIV & CuV & CuVI \\ 1.000 & 0.355 & 0.464 & 0.320 & 0.739 & 0.582 \\ & 1.000 & 0.914 & 0.808 & 0.673 & 0.668 \\ & & 1.000 & 0.918 & 0.790 & 0.835 \\ & & & 1.000 & 0.732 & 0.791 \\ & & & & 1.000 & 0.763 \\ & & & & & 1.000 \end{pmatrix}$$

3. 聚类分析过程

根据系统聚类分析的方法，找出最大相关系数（不包括对角线元素）r_{34} = 0.918，将 Cu Ⅲ 和 CuⅣ 归为一类，给予新的记号，再计算合并后的"变量"与其余变量之间新的相关系数，建立新的相关矩阵。然后重复前述步骤，最后把所有的变量归为一类，如表6-2所示。

表6-2　聚类进度表

阶段	簇合并		相关系数	首次合并簇		下一阶段
	簇1	簇2		簇1	簇2	
1	3	4	0.918			2
2	2	3	0.861	0	1	3
3	2	6	0.765	2	0	4
4	2	5	0.740	3	0	5
5	1	2	0.492	0	4	0

4. 聚类分析结果及讨论

（1）聚类分析结果。聚类分析谱系图可以形象地反映指标间的相似性，有效地揭示指标间的联系。对上述6个指标标准化、相关性分析后的聚类合并成谱系图，如图6-5所示。图中横坐标为相关系数，系数越大，两者相关性越高。

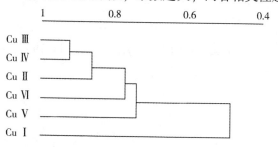

图6-5　Cu 元素形态聚类分析谱系图

由图 6-5 可以看出，碳酸盐态和硫化物态 Cu 元素之间的相关系数最大，吸附态相关性次之，依此类推。其他形态如硅酸盐态、有机物态和水溶态之间的相关系数较小，即彼此之间的联系较小。因此我们得知 Cu 元素形态中碳酸盐态和硫化物态之间联系最密切，说明土壤中碳酸盐态 Cu 元系含量随着硫化物态 Cu 元素含量变化而变化，也说明了硫化物态 Cu 元素可能向碳酸盐态 Cu 元素转化，使得 Cu 元素的迁移能力增强。而吸附态 Cu 元素主要受到碳酸盐态 Cu 元素和硫化物态 Cu 元素的影响，可能在土壤条件变化时，碳酸盐态 Cu 元素和硫化物态 Cu 元素转化为吸附态 Cu 元素。

2. 讨论

（1）大坞河流域上、中、下游 Cu 元素形态变化不明显，土壤中 Cu 元素含量（平均为 $400 \sim 500 \ \mu g/g$）虽超过国家三级土壤标准，但是通过元素形态分析发现，Cu 元素主要以有机物态和硅酸盐态 Cu 元素存在，稳定性较好；而碳酸盐态和硫化物态 Cu 元素比例较大，在特定条件下具有一定的迁移转化能力，对环境可能造成潜在的影响，要提前防治。

（2）土壤中重金属的形态并不是固定的值，土壤物化性质、pH 值、污染物等均可能在一定条件下影响重金属从一种形态向另一种形态转化或转移。

（3）为了加强对大坞河流域的环境治理，防止土壤恶化、重金属对环境污染的加重，保证矿区土地复垦的效果，应对本地区土壤中 As、Cd、Mo、Pb、Zn 等重金属元素进行深入的分析研究。

6.3 因子分析的应用

6.3.1 因子分析原理

在地质工作中，经常需要用许多变量才能较全面地描述所研究的地质对象，因涉及变量较多，难以看清它们之间的关系，再加之人为因素的影响，不易找出起主导作用的变量。要通过这些变量找出对地质对象起决定使用的地质因素，可以使用因子分析（Factor Analysis）的方法，用因子来简化变量并找出起主导作用的因素。

变量之间的相互关系主要体现在相关矩阵中，因子分析研究相关矩阵的内部结构，将许多原始变量组合成少量的因子。这些因子是原始变量的线性组合，可以看成是简化的新变量，它保留了原始变量的大部分相关信息和变异性。各因子给出了地质变量几种基本的结合关系，往往表示对地质问题起作用的几个基本地质因素。通过因子可以再现原始变量之间的相关关系，揭示产生这些关系的内在原因，有助于探索事物的因果关系。

因子分析可以研究变量之间的关系（R 型因子分析），也可以研究样本之间的相互关系（Q 型因子分析）。本节同时采用因子分析和聚类分析对研究区土壤进行分析。

6.3.2　因子分析及应用案例

1. 研究区土壤采样位置及数据

德兴矿床（山）开发过程中的环境问题研究以大坞河流域和尾砂库为主，研究区范围包括低品位矿石淋滤场、排石场，以及排石场至祝家村的区域，上游为祝家村（不包括祝家村）至朱砂红村，中游为朱砂红村（不包括朱砂红村）至张家畈新区，下游为张家畈新区（不包括张家畈新区）至沽口村。采集土壤样品 37 件，祝家村排石场土壤采样位置示意如图 6-6 所示，土壤的分析结果如表 6-3 所示。

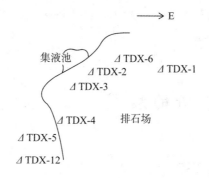

图6-6　祝家村排石场土壤采样位置示意图

表6-3 研究区土壤数据分析

样品号	元素含量（μg/g）及有关参数										取样位置
	Cu	Pb	Zn	Cd	As	Mo	Hg	Se	Cr	pH 值	
TDX-1	280.0	53.10	120.0	0.150	56.7	3.40	0.028			3.53	祝家村排石场
TDX-2	324.0	18.00	31.8	0.050	27.8	5.30	0.016			3.73	祝家村集液池
TDX-3	255.0	30.10	26.7	0.064	17.9	9.22	0.036			3.73	老淋滤平台中部
TDX-4	112.0	54.50	94.5	0.150	111.0	4.01	0.058			5.31	祝家村排石场 废石堆
TDX-5	44.9	42.30	86.6	0.098	120.0	1.59	0.036			5.30	比 TDX-4 高 3m
TDX-6	130.0	26.10	24.6	0.084	14.0	11.00	0.020			3.87	祝家村集液池 北东 200m
TDX-7	355.0	53.10	84.1	0.064	39.4	4.34	0.031			3.24	祝家村集液池 岸边
TDX-8	248.0	60.00	107.0	0.098	51.4	1.26	0.014			3.34	祝家村集液池 岸边 10m
TDX-9	39.8	27.40	67.1	0.091	16.9	0.49	0.022			5.01	祝家村集液池
TDX-10	30.2	28.80	92.1	0.110	18.5	0.34	0.048			5.38	老淋滤平台
TDX-12	54.5	50.40	119.0	0.200	136.0	1.29	0.290			4.26	祝家村集液池 废石场
TDX-13	293.0	57.20	165.0	0.160	58.3	1.81	0.025			4.79	祝家村酸性水库 坝下浸出口
TDX-14	896.0	59.90	141.0	0.180	67.8	6.68	0.062			4.93	酸性水库排水口 处，0~20cm
TDX-15	634.0	59.90	152.0	0.490	88.7	11.00	0.015			5.38	20~35cm
TDX-16	710.1	61.20	155.0	0.930	80.3	14.10	0.025			5.55	35~48cm
TDX-17	313.0	51.70	319.0	0.240	54.8	2.56	0.033			4.79	TDX-14 向岸边 10m
TDX-18	121.0	66.60	136.0	0.070	38.5	2.01	0.017			4.02	酸性水库排水口处
TDX-19	127.0	68.00	130.0	0.170	40.8	0.86	0.042			4.41	距河边 3m
TDX-20	65.6	60.00	153.0	0.210	44.7	0.84	0.073			5.54	距河边 6 m

续表

样品号	元素含量（μg/g）及有关参数										取样位置
	Cu	Pb	Zn	Cd	As	Mo	Hg	Se	Cr	pH值	
4-9T03a	109.0	50.90	115.0	0.280	20.9	1.37	0.096	0.45	71.9	5.48	祝家村南大污河上游西岸
4-9T03b	236.0	59.60	135.0	0.290	30.3	1.76	0.090	0.38	87.0	4.93	
4-18T05	54.8	49.90	103.0	0.140	24.4	1.68	0.040	0.32	106.0	5.99	祝家村南大坞河东岸 5~6 m
4-18T06	145.0	229.00	84.9	0.170	24.9	1.17	0.036	0.28	106.0	4.92	东岸 20 m
4-18T07	126.0	61.20	94.5	0.088	13.4	0.73	0.027	0.51	136.0	4.64	东岸 100 m
10-26-T01	442.0	81.60	136.0	0.097	31.6	5.16	0.061				祝家村南大水浸过地区
10-26-T02	87.9	48.60	101.0	0.047	24.5	1.16	0.070				祝家村南大水未浸过地区
10-25-T01	319.0	17.00	73.2	0.066	29.0	14.80	0.076				低品位矿石淋滤场
10-25-T02	640.0	8.47	58.9	0.048	9.0	9.98	0.061				
10-25-T03	338.0	13.20	50.3	0.230	34.8	65.30	0.079				
10-25-T04	312.0	25.80	90.6	0.120	51.6	75.80	0.070				
4-18T04-4	182.0	91.90	105.0	0.260	26.0	1.38	0.140	0.40	102.0	5.64	祝家村南大坞河西岸, 0~20 cm
4-18T04-3	125.0	38.60	106.0	0.140	27.2	0.74	0.021	0.32	56.9	6.24	20~50 cm
4-18T04-2	161.0	42.10	95.2	0.130	18.0	1.21	0.030	0.20	113.0	6.37	50~80 cm
4-18T04-1	113.0	38.80	118.0	0.120	44.6	2.89	0.035	0.25	90.7	7.07	>80 cm
DX105-1	142.0	47.20	140.0	0.370	46.3	2.21	0.270	0.23	68.9	5.92	祝家村南, 0~5 cm
DX105-2	123.0	39.00	145.0	0.470	20.0	1.34	0.091	0.25	86.8	6.59	5~25 cm
DX105-3	87.7	29.60	119.0	0.130	17.4	1.93	0.090	0.24	78.8	6.36	25~45 cm
国家III级土壤标准	400.0	500.00	500.0	1.000	30.0		1.500		400.0		

研究区土壤的主要元素为 As 元素，大部分土壤样品 As 元素含量为几十到一百多毫克/克，但绝大多数超过了国家III级土壤标准（30 μg/g），最高含量达到 136 μg/g，为国家标准的 4.53 倍。一些土壤样品中的 Cu 元素也超标，酸性水库排水口处表层土壤的最高含量达到 896 μg/g，为国家III级标准的 2.24 倍。其他元素均未超

标。祝家村南 1981 年被酸性水库大水浸过和未浸过地区的重金属总量比较如图 6-7 所示，被大水浸过地区土壤样品中的重金属元素普遍高于大水未浸过地区，说明地表水对土壤中重金属的富集起着很重要的运移作用。

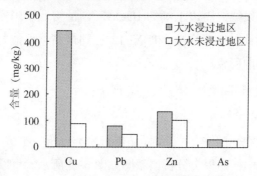

图 6-7　祝家村南大水浸过和未浸过地区的重金属总量比较

土壤中重金属浓度与土壤样品采样深度有一定的关系，对祝家村南大坝河边采用不同土壤深度的样品分析，分析结果如图 6-8 所示。分析表明，土壤中的主要重金属元素 Cu、Zn、As、Pb 含量有随着土壤深度逐渐增加的趋势。酸性水库排水口处 As 元素的最高含量出现在 20～35cm 的土壤深度范围内，而 Zn 和 Pb 两种元素在不同深度的含量变化不明显。这主要是由于大坝河水向两侧农田中渗透并向上迁移过程中富集于深部土壤中所致。

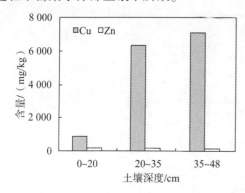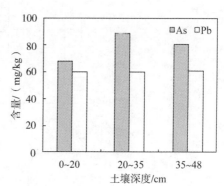

图 6-8　不同土壤深度的样品分析结果

如表 6-3 所示，排石场废石堆淋滤场的土壤样品 TDX-1、TDX-2 和 TDX-3 中 Cu 元素含量较高，pH 值较低，为 3.53 和 3.73。TDX-5 和 TDX-12 土壤样品为野外采集的远离排石场的土壤，据野外现场观察，以轻污染样品或无污染样品为主，其分析结果中 Cu 元素含量与野外观察的结果一致。TDX-4 为排石场废石堆边部沟中土壤样品，在雨水淋滤过程中从废石堆中渗出的液体将经过此处，因而该处铜元素含量较高（112.0 μg/g），但没有超过国家Ⅲ级土壤标准。TDX-6为排石场附近另一地点的土壤样品，其铜元素含量达到130.0 μg/g，同样没有超过国家Ⅲ级土壤标准。

祝家村排石场和集液池周边土壤的 Hg 元素含量均低于国家Ⅲ级土壤标准；As元素含量大多比国家Ⅲ级土壤标准，TDX-12 达到最高，可能与该区土壤背景值有关，而非废石堆积被淋所致。

2. 研究区土壤样品聚类分析和因子分析

1）样品的聚类分析

选取研究区有代表性的37件土壤样品进行聚类分析，土壤样品元素含量及其取样位置见表6-3，土壤样品聚类分析谱系图如图6-9所示。可以看出37件土壤样品

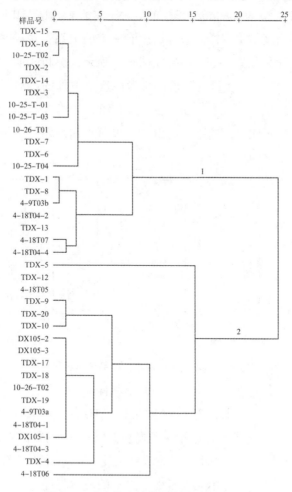

图6-9　研究区土壤样品聚类分析谱系图

分成两大类，第 1 类样品为低品位矿石淋滤场的土壤样品，第 2 类样品为祝家村大坞河两侧的土壤样品。结合样品采样位置的介绍，得出低品位矿石淋滤场的 11 件土壤样品中有 3 件被分在第 2 类样品中，分别是 TDX-4、TDX-5 和 TDX-12。这说明这 3 件土壤样品可能是属于祝家村的土壤样品，和野外采集过程中的感性认识有差距。第 1 类样品属于低品位矿石淋滤场正在被淋滤的矿石或者已经淋滤彻底的矿石，其中含有部分在祝家村地区采集的土壤样品，如 TDX-7、TDX-13、TDX-14、TDX-16、4-18T07、10-26-T01、TDX-8、4-18T04-2，这部分土壤样品可能是受到低品位矿石淋滤场的影响，或者本身属于矿石成分中的含量。

样品聚类分析的结果和具体采样位置有偏差，由于采样过程中仅凭肉眼难于将样品进行准确的分类，可能导致将低品位矿石淋滤场矿石风化后的样品归于土壤样品中。所以借助聚类分析，将祝家村和低品位矿石淋滤场的土壤样品进行分类，进一步确定样品的性质。根据土壤样品性质的不同，将样品聚类中分成的两类土壤样品分别进行元素的因子分析和聚类分析。

2）第 1 类样品元素的聚类分析和因子分析

研究区土壤样品中第 1 类样品的因子结构如表 6-4 所示。取 3 个因子时，方差贡献累计百分比最高达到 87.977%，因此这 3 个因子能反映出第 1 类样品中 7 种元素的富集程度。

表 6-4　研究区土壤样品中第 1 类样品的因子结构

因子	因子主成分	方差贡献	方差贡献百分比/（%）	累积百分比/（%）
F1	Cu、Cd、As	3.477	49.676	49.676
F2	Pb、Zn	1.610	22.999	72.674
F3	Hg、Mo	1.071	15.303	87.977

F1 因子所占的方差贡献百分比达到 49.676%，因此 F1 因子是 3 个因子中最重要的因子。该因子中 Cu、Cd、As 元素有很高的正载荷，主要反映出这 3 种元素的富集情况和彼此之间的联系，同时也说明在第 1 类样品 7 种元素中 Cu、Cd、As 元素富集的情况最为严重。Cd 元素有亲铜性，容易与 Cu 元素同时富集；As 元素有亲硫性，形成的硫化物能与重金属 Cu 等形成硫代砷酸盐矿物。矿石中 Cd、As 元素的含量可能与 Cu 元素含量有关，3 种元素在土壤中联系较紧密。

F2 因子中 Pb、Zn 元素有很高的正载荷，反映出这两种元素的富集情况。Zn 和 Cd 元素具有相同的地球化学属性，容易形成共生矿物，而这里 Cd 元素主要在 F1 因子中，这说明可能是低品位矿石在淋滤时，改变了矿物原来的存在形式。Cd 元素在遇到酸淋滤时较容易从矿物中溶出，对环境造成污染。

F3 因子中 Hg、Mo 元素有很高的正载荷，反映出这两种元素的富集情况。Hg和 Mo 元素具有很强的亲硫性，在德兴铜矿这种硫化物矿床中容易共存，这主要反映了在矿床矿石中的特点，说明这两种元素受到外界的干扰较小。

研究区土壤第 1 类样品元素聚类分析谱系图如图 6-10 所示，7 种元素主要分成3 类：Cu、Cd、As；Pb、Zn；Mo、Hg。元素聚类分析结果与因子分析结果一致。

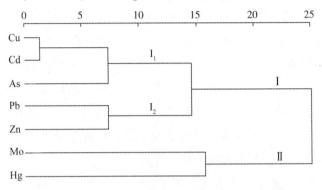

图 6-10　研究区土壤第 1 类样品元素聚类分析谱系图

3）第 2 类样品元素的聚类分析和因子分析

研究区土壤样品中第 2 类样品的因子结构如表 6-5 所示。取 4 个因子，方差贡献累计百分比最高达到 87.372%，因此这 4 个因子能反映出第 2 类样品中 7 个元素的富集情况。

表 6-5　研究区土壤样品中第 2 类样品的因子结构

因子	因子主成分	方差贡献	方差贡献百分比/（%）	累积百分比/（%）
F1	Cu、Zn	2.069	29.557	29.557
F2	Hg、Cd	1.499	21.415	50.971
F3	As、Mo	1.462	20.883	71.854
F4	Pb	1.086	15.518	87.372

F1 因子旋转后所占的方差贡献百分比达到 29.557%，是 4 个主因子中最重要的因子。F1 因子中 Cu、Zn 元素有很高的正载荷，表明这两种元素有很高的正相关，同时也是第 2 类样品中作用最大的元素。Zn 元素容易与 Cd、Pb 等元素形成共生矿物，而此处 Zn 与 Cd、Pb 元素的相关性较小，可能是由于外界条件改变了存在于矿石中的元素状态，因此第 2 类土壤样品受到人为的干扰较大。同时 F1 因子所反映的Cu、Zn 元素属于第 2 类样品中富集最严重的重金属。

F2 因子所占的方差贡献百分比达到 21.415%，主要反映 Hg、Cd 元素的富集情况。这两种元素在第 2 类样品中的含量不高，但是都有强烈的亲硫性，容易存在于硫化矿物中，与 Cu、Pb 等元素伴生。这两种元素单独反映成一个因子，说明这两种元素和矿物中的形态有很大差别，容易被外界条件改变，与其主矿物相分离。可能是研究区土壤大多受到低品位矿场淋滤场酸性废水的影响，造成土壤中元素结合状态改变。

F3 因子主要反映 As、Mo 元素的富集程度，这两种元素都有强烈的亲硫性，两者的相关性较高。

F4 因子主要反映 Pb 元素的富集程度，Pb 元素在第 2 类样品中与其他元素的相关性较差，与研究区的各种条件有关。

第 2 类样品的因子分析结果与第 1 类样品的因子分析结果有较大的不同，主要是由于本身土壤和矿石的影响因素有很大的差异，土壤中的有机质、微生物等会对重金属之间的结合状态产生影响；同时研究区土壤受到的人为污染较严重，淋滤场的酸性废水污染周围的土壤，使土壤中重金属含量和存在形式发生改变。

研究区第 2 类样品元素的聚类分析谱系图如图 6-11 所示，7 个元素分成两类：Cu、Zn、Mo、Pb；Cd、Hg、As。第 I 类元素都是属于亲硫性很强烈的元素，容易在硫化矿物中共生。聚类分析与因子分析的结果不同，可能是由于两种分析方法的原理不同所导。

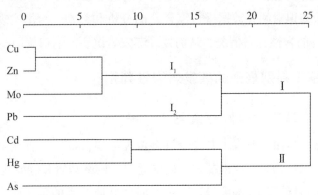

图 6-11　研究区土壤第 2 类样品元素聚类分析谱系图

通过对研究区土壤的聚类分析和因子分析，我们得到研究区土壤样品分为低品位矿石淋滤场的土壤样品（多半为矿石）和祝家村大坝河两侧的土壤样品。低品位矿石淋滤场土壤样品中元素之间的相关性部分保持了矿石中的特征，而部分元素由于受到酸性废水的影响特征有所变化。祝家村大坝河两侧的土壤样品与低品位矿石淋滤场土壤样品中元素特征差别较大，元素之间的联系反映出土壤中元素受到人为干扰较大。

6.4 岩性判别系统

近20年来，塔里木盆地油气勘查工作积累了大量翔实的测井数据，对测井数据进行二次开发和处理，并结合丰富的岩心、岩屑、地球物理、区域地质、构造和岩相古地理等资料，及专家经验进行分析，有利于成盐地层的岩性判别，其分析结果可为在油气探区内盖层研究和寻找钾盐提供重要的参考依据。

塔里木盆地自寒武纪到新近纪，有广泛的海相、海陆过渡相沉积，在各时代地层中形成了大量的蒸发岩沉积。盐与油气的形成在构造条件和沉积环境方面具有一致性，即封闭-半封闭的、持续沉降的大型沉积盆地有利于盐与油气的生成。地质历史上沉积盆地通常经历湿润与干旱的古气候交替变化，湿润气候有利于油气生成，干旱气候有利于蒸发岩的沉积，两种资源常共存于一个盆地中。同时，蒸发岩系是油气的良好盖层，盐丘是良好的储油构造，盆地中油盐通常具有密切的关系。盆地蒸发岩地层的研究具有重要的实际意义，为更好地研究盆地深部盐层的分布规律，本书建立了一种蒸发岩盆地岩性判别模型，并给出了经验的数学公式。应用半定量、定性的专家经验知识对测井数据进行综合性的分析和判别，给出实现算法及地下有利于成盐（钾）的岩性分布情况，从而发现蒸发岩沉积的韵律旋回模式。

6.4.1 基于判别规则的蒸发岩岩性判别

1. 蒸发岩岩性判别的概念模型

海盆或湖盆水体由于蒸发，其盐分逐渐浓缩以至沉淀，这种化学成因的岩石称为蒸发岩，包括氯化物岩、碘酸盐岩、硫酸盐岩、碳酸盐岩和硼酸盐岩等。

岩性识别是地层评价、油藏描述，及实时钻井监控等的重要研究内容之一。目前，获取地下岩性信息的手段有岩屑录井、取心和钻后测井参数资料的解释处理结果，其中以解释处理结果为主。

设判别结果岩性有 m 类（m 个总体），把从第 i（$i=1, 2, \cdots, m$）类中取出的代表性岩石样本记为 n_i，$G=(n_1, n_2, \cdots, n_m)$ 为研究区内的岩石类型样本空间。其中任何一个样品 X 都是由 l 个确定岩性的测井参数表示的向量，即 $X=(x_1,$

x_2，…，x_l）。岩性识别就是对来源于 m 类岩石中的任何一个未知岩石类型的样品 Y，根据确定岩性的 l 个测井的参数观测值判定它属于 G 中的哪一类及其属于各类的可信程度。

2. 岩性判别模型流程

蒸发岩盆地岩性判别模型主要针对蒸发岩地层，综合利用测井曲线参数，建立一种半定量、定量岩性判别模型，对钻井地质绘制测井剖面图及测井解译具有重要意义。岩性判别模型根据测井数据、测井曲线、专家经验知识等综合分析和识别岩性，从测井曲线的形态特征和测井参数值的相对大小进行定性判别，其解译结果的可靠性主要取决于专家的实践经验和岩心剖面的复杂程度。

由于地下构造的复杂性，地层分布不一定是规律性的，导致盆地和测井分析具有其特殊性，因此需要针对不同的测井曲线，建立统一的数学模型，通过不同的专家知识进行岩性判别，应用岩性统计矩阵、岩性统计权重系数等统计方法提高评价的准确率与可靠性，最后确定地层的岩性。

岩性判别模型（系统）的结构主要包括：

（1）岩性（岩石、矿物）数据库和测井曲线参数；

（2）岩性（岩石、矿物）数学函数或半经验公式（数学模型）；

（3）供分析的测井数据；

（4）岩性判别及结果评价（岩性判别矩阵）；

（5）岩性输出。

岩性判别模型的结构如图 6-12 所示。

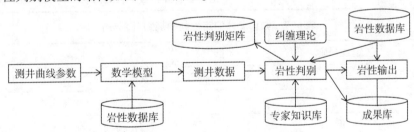

图 6-12　岩性判别模型的结构

岩性数据库汇集了矿物的岩性特征，表示为

F = {name, category, chemistry, unitCell-Parameter, color, luster, striation, hardness, density, solubility, fusibility, infrared pectrum}

专家知识库给出的半定量、经验的判别规则为

R = {loggingName, method, startValue, endValue, weight, rockType, description}

3. 岩性判别的数学模型

根据测井曲线，在判别模型中给出了基于伽玛测井、密度测井、中子测井、声波测井、电阻率测井、自然电位测井、测向测井等常见测井曲线岩性判别的数学函数或半经验公式，并给出了判别规则。判别规则中的定量值根据不同的盆地地质背景、测井数据的不同而各异，此外判别规则中的定性数据在计算时要转化成具体的定量数据，为每个方法和每种岩性分别分配权重。本书给出了常用的基于伽玛测井和声波测井的岩性判别模型。

1）基于伽玛测井的岩性判别模型

基于伽玛测井的岩性判别模型数学公式为

$$F(X_1) = aX_1 + bY_1 + cZ_1 \tag{6-7}$$

式中，X_1、Y_1、Z_1 分别表示钾石盐、光卤石和黏土的百分含量，a、b、c 为系数。

伽玛测井的定量和定性判别规则（部分）分别如表6-6和表6-7所示。

表6-6　伽玛测井的定量判别规则（部分）

定量值	岩性
0	石盐、硬石膏、石膏、方解石、白云岩、石英
2～10	页岩、泥岩
13.1	钙芒硝泥岩
15.5～63	杂卤石、钾石盐、长石砂岩

表6-7　伽玛测井的定性判别规则（部分）

定性规则		岩性
高		钾石盐、酸性火山灰沉积、岩浆岩、海相泥岩
中		泥岩、页岩
低		硬石膏、石膏、岩盐、纯的石灰岩、白云岩
砂泥岩剖面	最高	黏土（泥、页岩）
	中	粉砂岩、泥质砂岩、砂质泥岩
	最低	砂岩

定性规则		岩性
碳酸盐岩剖面	最高	黏土（泥、页岩）
	中	泥灰岩、泥质白云岩
	最低	纯的石灰岩、白云岩
膏盐剖面	最高	泥岩
	最低	岩盐

2）基于声波测井的岩性判别模型

基于声波测井的岩性判别模型数学公式为

$$F(X_4) = f(V) = t_2 - t_1 = \frac{b_2}{v_b} - \frac{b_1}{v_b} = \frac{\Delta b}{v_b}$$

式中，t_1、t_2 表示声波到达两个接收器的纵波运行时间；Δb 表示两个接收器之间的距离；v_b 表示声波通过地层的传播速度。

声波测井的定量和定性判别规则（部分）分别如表6-8 和表6-9 所示。

表6-8　声波测井的定量判别规则（部分）

定量值	岩性
164	硬石膏
171	石膏
155 ~ 250	石灰岩、白云岩
250 ~ 380	砂岩
350 ~ 450	煤
235	钙芒硝泥岩
350	泥岩

表6-9　声波测井的定性判别规则（部分）

定性规则		岩性
砂泥岩剖面	高	砂岩
	低	泥岩
碳酸盐岩剖面	最低	致密的石灰岩、白云岩
	中	含泥质、孔隙裂隙性石灰岩白，云岩
	高	泥岩、泥灰岩

续表

定性规则		岩性
膏盐剖面	最高	渗透型砂岩
	中等	含钙石膏、泥岩，及致密砂岩
	最低	无水石膏

6.4.2　测井数据及专家知识

1. 测井数据与计算方法

1）测井数据

测井数据主要指测井参数值，它是地下岩石的矿物成分、结构和孔隙率等的综合反映。一组特定的测井参数值对应着地层中的某一种或某几种岩性。在分析研究区内钻井岩心和测井参数值对应特征的基础上，划分研究区域岩心的岩石类型，并从各类岩石中读取能够代表岩石样品的测井参数值，作为确定岩性与测井参数对应关系的基础数据，然后通过上述数学公式和岩性判别模型进行判别。

2）测井数据的计算方法

用于计算的测井数据有两类获得方式，一类是已经计算好可以直接使用的数据；另一类是根据岩心取样化验结果使用数学模型进行计算得出的数据。由于地下不同深度的岩性变化很大，故在不同深度区间使用的测井方法一般会有所变化，测得数据的处理方法也稍有不同。测井数据一般以非关系型结构进行存储，因此在计算前应使用提取、转换和装载（Extract Transfer and Loading，ETL）工具按照规则进行规范化，即通过数据清洗、转换，使数据成为统一标准的数据，并保存到测井数据仓库中等待处理，如图 6-13 所示。羊塔 5 井 5 100 ~ 5 193m 经过处理后的伽玛（GR）、自然电位（SP）、浅感应电阻率（RFOC）、中感应电阻率（RILM）、深感应电阻率（RILD）测井数据（部分）如表6-10所示。

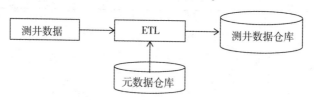

图 6-13　测井数据 ETL 模型

表6-10　羊塔5井5100－5193m测井数据

深度/m	GR/API	RFOC/（Ω·m）	RILD/（Ω·m）	RILM/（Ω·m）	SP/mV
5 100	32.970	0.102	82.799	10 000.000	−12.419
5 101	22.865	0.102	105.609	8 000.000	13.055
5 192	31.840	0.102	98.553	37.167	24.879
5 193	21.790	0.102	114.908	10 019.618	24.166

2. 专家知识

用于岩性判别的专家知识是经过地学领域专家根据多年的野外一线工作、室内资料整理，及数据处理等积累的宝贵经验，通过科学的整理上升到理论高度，并形成具有可参与计算能力的、一定的、半规范化的知识。专家知识系统具有较强的自学习能力，并且是经过多种训练集进行严格训练之后才形成的可用知识。

用于岩性判别的专家知识具有模型和方法一致性、参数特殊性的特点，即每个盆地和每口井因其环境、地下成因等因素的不同而具有不同的判别参数，同一口井的不同深度区间也会根据测井方法和计算方法不同而具有不同的判别规则。

用于岩性判别的专家知识核心数据模型如图6-14所示。

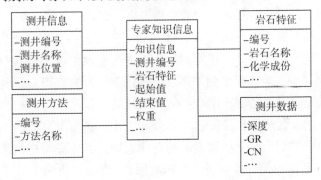

图6-14　用于岩性判别的专家知识核心数据模型

6.4.3　蒸发岩沉积韵律旋回模式

基于专家知识进行蒸发岩岩性判别时，发现在每个深度进行岩性判别时都可能遇到多解性问题。为了使最终判别的岩性科学唯一，必须解决多解性的问题。

在整理库车盆地相关测井数据的岩性时，使用程序在统计蒸发岩的沉积规律时，发现蒸发岩的沉积具有一定的规律性，下面以新疆库车盆地的测井数据为例进行介绍。

新疆库车盆地在第三纪时期发育大量的蒸发岩沉积，自下而上依次划分为库姆格列木组、苏维依组（下第三系），吉迪克组、康村组、库车组（上第三系）。下第三系主要为河湖相沉积，岩性为盐岩、膏岩、细砂岩、粉砂岩和泥岩；上第三系下部为河湖相沉积，上部为山麓相洪积，洪积物为砾岩、含砾砂岩、粉砂岩、夹泥岩。整个第三系的蒸发岩沉积发生旋回变化，即由于盐湖水体从淡—咸—盐—咸—淡的旋回变化，相应地沉积物发生由碎屑岩—膏岩—盐岩—膏岩—碎屑岩的变化。

根据湖水浅—深及含盐度的变化，发生碎屑岩沉积的粒度粗—细变化及蒸发岩沉积韵律旋回变化，岩性变化一般表现为：砾岩—含砾砂岩—砂岩（粗砂岩—中砂岩—细砂岩—粉砂岩）—泥质粉砂岩—粉砂质泥岩—泥岩—灰岩或白云岩—膏质泥岩—含膏泥岩—泥膏岩—石膏—盐质泥岩—泥质盐岩—盐岩—泥质岩盐—盐质泥岩—石膏—泥膏岩—含膏泥岩—膏质泥岩—灰岩或白云岩—泥岩—粉砂质泥岩—泥质粉砂岩—砂岩（粗砂岩—中砂岩—细砂岩—粉砂岩）—含砾砂岩—砾岩。

库车蒸发岩盆地不可能发生上述有规则的沉积旋回变化，但其岩性变化有一定的规律可循，常见的有：砾岩—含砾砂岩—细砂岩—粉砂岩；粉砂岩—泥质粉砂岩—粉砂质泥岩—泥岩；粉砂质泥岩—泥岩—泥质粉砂岩；泥岩—含膏泥岩—泥岩；泥岩—膏质泥岩—泥岩；膏质泥岩—含膏泥岩—膏质泥岩；泥岩—膏质泥岩—泥膏岩—泥岩—石膏；泥岩—石膏—盐岩；膏质泥岩—石膏—盐岩；石膏—盐岩—石膏；盐质泥岩—岩盐—盐质泥岩；膏质泥岩—石膏—膏质泥岩。另外，常发生少量的灰岩和白云岩沉积，其变化一般为：泥岩—白云岩—泥岩；泥岩—灰岩—泥岩。

根据现有的钻孔资料，分析钻孔岩性剖面柱碎屑岩—膏岩—盐岩—膏岩—碎屑岩沉积旋回的变化，可以划分沉积旋回期次，进行盆地中沉积旋回对比，对第三系蒸发岩沉积规律（主要是库姆格列木组、苏维依组、吉迪克组）进行探讨。在此基础上圈定当时盆地蒸发岩的沉积中心，估计大致的沉积范围，分析古气候条件和沉积中心的迁移方向。通过沉积旋回初步划分和对比，在库车盆地的下第三系和上第三系的吉迪克组中共划出 5 个蒸发岩沉积韵律旋回，其中库姆格列木组两个（I_1、I_2 沉积旋回），苏维依组一个（I_3 沉积旋回），吉迪克组两个（I_4、I_5 沉积旋回），根据旋回建立了以东秋 8 井岩性剖面柱作为下第三系和吉迪克组地层的蒸发岩对比标准剖面。对每个钻井的剖面柱进行沉积韵律一级、二级、三级、四级划分，根据沉积旋回和沉积韵律推断出羊塔 2 井、东秋 8 井、却勒 1 井的库姆格列木组和苏维依组界限，修改了东秋 8 井苏维依组和吉迪克组的界限。

由于蒸发沉积具有一定的规律性，而发育一定旋回模式，将此类旋回模式应用于判别系统中，并对大旋回和小旋回分别赋予权重，代入上一节岩性判别结果进行再次处理（即多解求一），使判别结果更接近于目标值。

6.4.4　蒸发岩岩性判别流程及结果

在运用具体的蒸发岩岩性判别模型时，将蒸发岩沉积韵律旋回作为一个修正标准加入到判别算法内。在细至 0.1m1 条测井数据、粗至 10 条测井数据（先对 0.1m 条测井数据细判，再用 1m10 条测井数据来汇总）确定以米为单位的岩性均使用了蒸发岩沉积韵律旋回。基于专家知识且带有蒸发岩沉积韵律旋回的蒸发岩岩性判别流程如图 6-15 所示。

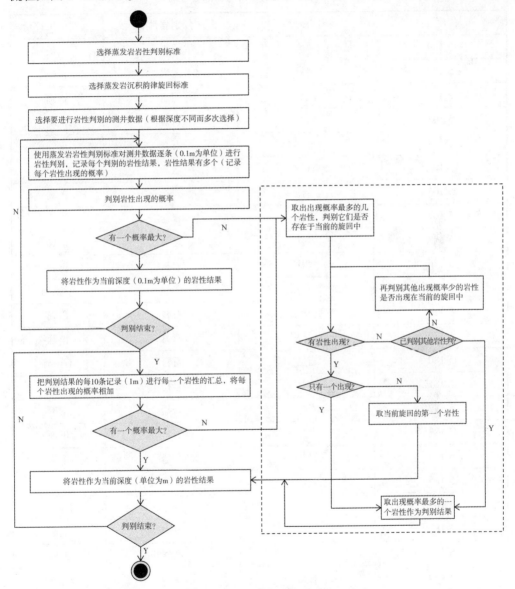

图 6-15　蒸发岩岩性判别流程

根据岩性判别模型，对给出的测井数据通过计算、判别后，并与岩性数据仓库进行对比得出含盐地层岩性数据。羊塔与井岩性判别结果与岩心岩性对比（部分）

如表6-11所示。在钻井深处 5 100～5 193m 之间的地层段内，有15 段点的岩性与已知资料不一致，而有 79 个结果一致，正确率达到 84%。从判别结果中可以看出石膏、膏岩和岩盐分布较多，为盆地蒸发盐地层研究和探测提供了快速的技术方法。

表6-11 羊塔5 井岩性判别结果与岩心岩性对比 (部分)

深度/m	岩心岩性	判别岩性	判别结果评价
5 100	泥岩	泥岩	正确
5 101	泥岩	泥岩	正确
5 102	泥岩	泥岩	正确
5 103	岩盐	岩盐	正确
5 104	石膏	石膏	正确
5 105	石膏	岩盐	不正确
5 106	岩盐	岩盐	正确
5 107	岩盐	岩盐	正确
5 108	岩盐	岩盐	正确
5 176	岩盐	岩盐	正确
5 177	石膏层	岩盐	不正确
5 178	石膏层	石膏	正确
5 179	石膏层	石膏	正确
5 180	岩盐	石膏	不正确
5 181	岩盐	岩盐	正确
5 182	岩盐	岩盐	正确
5 183	岩盐	岩盐	正确
5 184	岩盐	岩盐	正确
5 185	岩盐	岩盐	正确
5 186	泥岩	岩盐	不正确
5 187	泥岩	泥岩	正确
5 188	泥岩	泥岩	正确
5 189	岩盐	泥岩	不正确
5 190	岩盐	岩盐	正确
5 191	岩盐	岩盐	正确

深度/m	岩心岩性	判别岩性	判别结果评价
5 192	岩盐	岩盐	正确
5 193	灰质砾岩	灰质砾岩	正确

通过对塔里木盆地48口测井数据进行岩性判别的结果表明算法根据测井数据能够有效区分石膏、盐岩等蒸发岩，由于标准可以根据不同地区进行专家知识更新，因此判别比较灵活，适用面较广。

第7章
集成应用实例

前面章节的研究建立了地学空间数据仓库、集成应用地学数据和数据处理资源的基础。本章重点介绍建立一期地学空间数据仓库的基本过程，并给出了具体的应用实例。

7.1 地学数据仓库实例的构成

为了满足"金土工程""全国重要矿产资源评价""国家级油气资源数据库建设"等项目及国家对地质数据集成与共享的需要，本书建立了一个地学空间数据仓库作为应用试点。考虑到数据安全性等问题，所有数据均部署在中国地质调查局发展研究中心数据实验室的数据服务器上。由于国家级油气数据库正在建设中，因此只有部分数据。

一期地学空间数据仓库由矿产资源数据集市、地质图数据集市、基础地理数据集市、重砂数据集市、可供性分析数据集市和国家级油气资源数据集市等专题组成，如图7-1所示。矿产资源数据集市中保存了矿产资源潜力数据、重要矿产资源预测与评价数据；地质图数据集市中保存了目前所有的数字地质图数据；基础地理数据集市中保存了各种比例尺的行政区划地理底图、水系、居民地等；重砂数据集市目前保存了1∶200 000全国重砂数据；可供性分析数据集市保存了石油等4个矿种的可供性分析数据；国家级油气资源数据集市保存了盆地、管线等10个油气专题的数据。矿产资源、重砂、可供性分析、国家级油气资源数据集市中均不保存地质和地理数据，均使用地质图和基础地理数据集市中的对应比例尺的数据。

通过 GeoSpatialETL 将原始的重要矿产资源预测与评价数据、矿产资源潜力数据、矿产地数据库、基础地理数据库（水系等多种）、重砂数据库等经过提取、清洗、转换、装载到地学空间数据仓库的对应数据集市中。地学空间数据仓库采用 Oracle 11g 和 SQL Server 2005 两种数据库管理系统保存和管理数据（可供性分析数据在自然资源部以 SQL Server 数据仓库保存）。

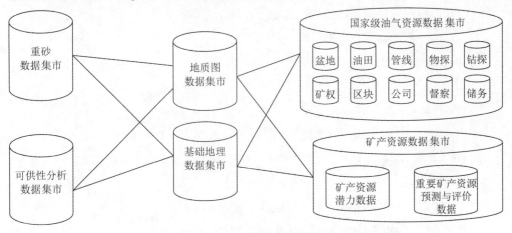

图7-1 一期地学空间数据仓库的组成

7.2 地学数据仓库实例核心数据模型

下面只探讨并列出保存在地学空间数据仓库中有代表性的核心数据模型。数据模型采用面向对象思想、基于 UML 并参考 Geodatabase 模型进行设计。所有的表类型均继承自 OBJECT 类型，而在表中存储的空间数据则以 SDO_ GEOMETRY 或 BLOB（SQL Server 为二进制字段）形式储存，再用它们创建表和要素类等，要素与属性的关系通过属性列进行关联。

Oracle 的对象类型是一种用户定义的复合数据类型，它把数据结构与操作这个数据结构的过程和函数一起封装起来。构成数据结构的变量称为属性，表示对象类型的行为函数和过程称为方法。它创建了地学数据的抽象模板，如盆地概况，包括编号、名称、盆地类型、所属大区、大地构造位置、基底性质、主要发育时期、勘探简史、盆地探明程度、勘探成果图、地层柱状图、区域大剖面等。它不但具有属性，还可以拥有对属性访问的方法，如按编号获得属性、增加盆地等，如图 7-2 所示。同时，Oracle 的对象类型给出了具体实现对象类型行为的类型体（Type Body）

的模型。

创建对象表类型的语句如下：

Create Or Replace Type Oil_ BasinTableType AS OBJECT

(

　　//属性

　ID Varchar (20),

　Name Varchar (50),

　Geometry SDO_ GEOMETRY,

...

　　//方法

　Member Procedure AddBasin (basin Oil_ BasinTableType),

　　Member Function UpdateBasin (basin Oil _ BasinTableType)

Return int,

　Member Procedure SetID (id Varchar),

　Member Function GetID Return Varchar,

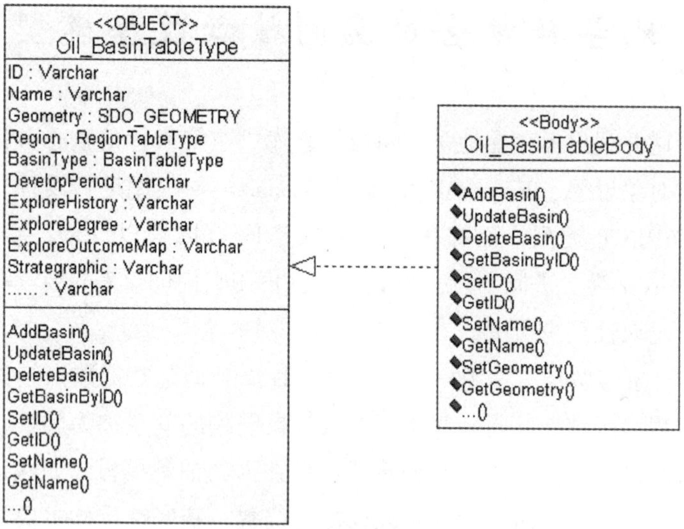

...

)

```
                    ┌──────────────────────────┐
                    │         <<OBJECT>>        │
                    │     Oil_BasinTableType    │
                    ├──────────────────────────┤
                    │ ID : Varchar             │
                    │ Name : Varchar           │         ┌──────────────────────┐
                    │ Geometry : SDO_GEOMETRY  │         │       <<Body>>       │
                    │ Region : RegionTableType │         │  Oil_BasinTableBody  │
                    │ BasinType : BasinTableType│        ├──────────────────────┤
                    │ DevelopPeriod : Varchar  │         │ ◆AddBasin()          │
                    │ ExploreHistory : Varchar │         │ ◆UpdateBasin()       │
                    │ ExploreDegree : Varchar  │         │ ◆DeleteBasin()       │
                    │ ExploreOutcomeMap : Varchar│  ◁----│ ◆GetBasinByID()      │
                    │ Stratergraphic : Varchar │         │ ◆SetID()             │
                    │ ...... : Varchar         │         │ ◆GetID()             │
                    ├──────────────────────────┤         │ ◆SetName()           │
                    │ AddBasin()               │         │ ◆GetName()           │
                    │ UpdateBasin()            │         │ ◆SetGeometry()       │
                    │ DeleteBasin()            │         │ ◆GetGeometry()       │
                    │ GetBasinByID()           │         │ ◆...()               │
                    │ SetID()                  │         └──────────────────────┘
                    │ GetID()                  │
                    │ SetName()                │
                    │ GetName()                │
                    │ ...()                    │
                    └──────────────────────────┘
```

图 7-2　盆地对象类型

在如图 7-3 所示的矿产资源潜力区对象类型设计模型中，潜力区保存空间数据
的列类型为对象类型 SDO_ GEOMETRY，地址类型为对象类型 AddressType。创建表

是将对象类型作为基本类型进行创建，创建语句如下：

```
Create Table TableName of ObjectTableType
```

具体创建每个数据表的类型不再一一介绍。两个专题因矿种而有机关联到一起的矿产资源潜力数据与矿产地数据的核心关系模型如图7-4所示。

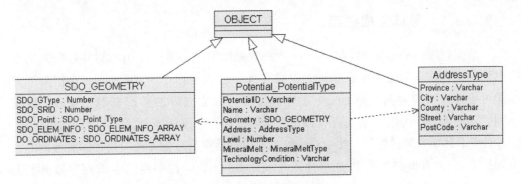

图7-3 矿产资源潜力区对象类型设计模型

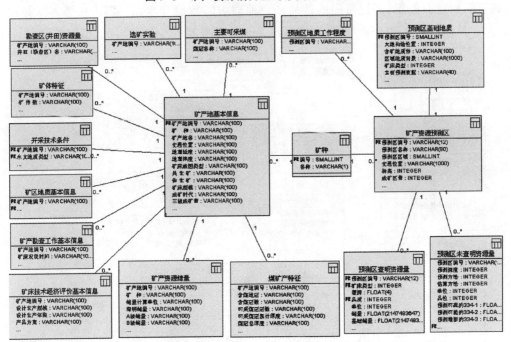

图7-4 矿产资源潜力数据与矿产地数据的核心关系模型

7.3 地学应用集成框架实例

7.3.1 总体集成框架

数据仓库由 Oracle 和 SQL Server 两种数据库组成，集成应用的测井数据以文本书件形式存在，岩性和专家知识等保存在 Access 数据库中。SQL Server 存储矿产资源可供性分析的数据，而 Oracle 数据库则保存除它之外的矿产资源、重砂、地质图、基础地理、国家级油气资源和元数据等数据，如图 7-5 所示。以面向对象进行建模并具体实现装载存储，使用 Oracle 网格管理器进行数据库和应用程序服务器的管理。基于 C# 开发的 Web 服务组件发布到以 IIS 作为运行平台的应用程序服务器上（有两个 SOA 服务器），同时 ArcGIS 服务器需安装 .NET 版的服务器（两个支持 SOA 的空间数据服务器），把所需的地质图、地理空间数据（水系、湖泊、省界、公路等）、矿产资源预测区等空间信息注册到 ArcGIS 服务器上，作为空间数据服务发布。

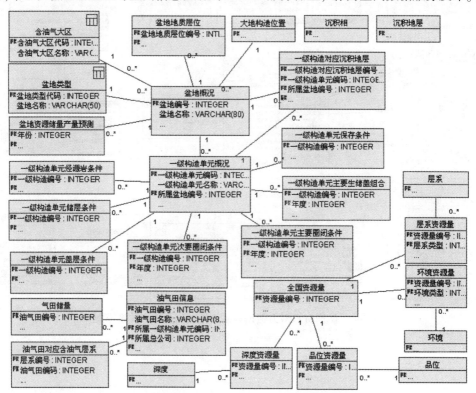

图 7-5 国家级油气资源数据集市盆地专题的数据模型

除矿产地、重砂数据库数据以网络发布基本查询外（原系统不是基于组件开发的不再使用，数据仓库中的数据目前只提供浏览器方式的数据查询），其他系统均采用 Visual Studio 2005（C/S：WinForm；B/S：ASP. NET）、基于 ArcGIS Engine 进行二次开发（B/S 则以 ArcGIS 服务器的二次开发为主），空间数据均以 ArcGIS 数据为主。通过 Web 服务访问后台 SQL Server、Oracle、文本书件、Access 等格式的数据，用户端直接通过代理调用粗粒度 Web 服务的 SOA 总服务器，由它来完成对分布在 SOA 服务器 1 上的矿产资源数据、重砂数据、测井数据、岩性数据等服务的访问，对分布在空间数据服务器 1 上的地质图、基础地理、预测区等空间数据服务的访问，对分布在 SOA 服务器 2 上的属性数据和空间数据的访问，图 7-6 所示的地学应用集成框架完成了多种不同结构的地学数据的集成。所有用户请求需要的基础地质和基础地理均使用数据仓库中的地质图、基础地理数据集市中对应比例尺的空间数据。

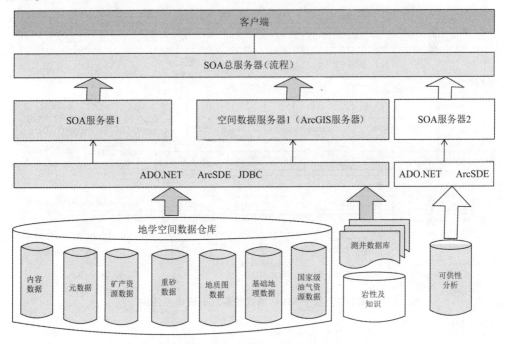

图 7-6 地学应用集成框架

7.3.2 MVC 模式的系统服务结构

基于 MVC 模式的集成系统体系结构如图 7-7 所示。从图中自下向上可以看出，该体系结构由数据库（Database）、数据访问对象 DAO（Data Access Object）、Web

服务（Web Service）、控制器（Controller）该体系结构和外观（UI）等组成。每层为上一层提供消息服务，其中控制器和代理真正调用 Web 服务（包括属性数据服务、空间数据服务和内容数据服务），服务调用数据访问组件完成对数据库的交互。Web 服务隐含了服务流程及服务组合等内容（一个服务也可以通过代理调用另一个属性或空间数据服务）。图中仅示意了油气（OilGas）、矿产资源潜力（Potential）、矿产地（Mineral）、岩性判别（Salt）、可供性分析（SupplyAnalysis）等几个从数据库到 UI 的过程，而每个专题内容还包括若干个自下向上的各种类、接口等。

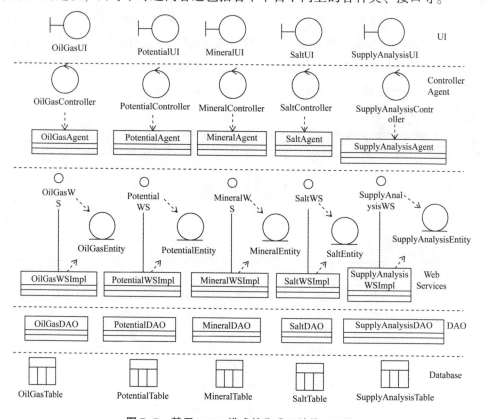

图 7-7　基于 MVC 模式的集成系统体系结构

7.4 应用效果分析

7.4.1 浏览器方式访问服务

应用程序调用 SOA 服务器公布的对地学数据仓库中的属性数据和空间数据进行访问的服务（基于 Web 服务的属性数据服务和空间数据服务），以实现用户端请求的具体功能，如属性查询、叠加分析、缓冲区分析等。基于 MVC 模式的集成系统将潜力数据库、矿产地数据库、重砂数据库、地质图数据库、可供性分析、测井及岩性数据库等有机地集成到一起，形成一个初步的地学数据共享平台。用户通过平台可以进行基本的数据查询、下载等，复杂的分析和处理基于 C/S 或 B/S 模式的应用程序调用 Web 服务实现。图 7-8 为地学数据集成展示平台（B/S 模式）。

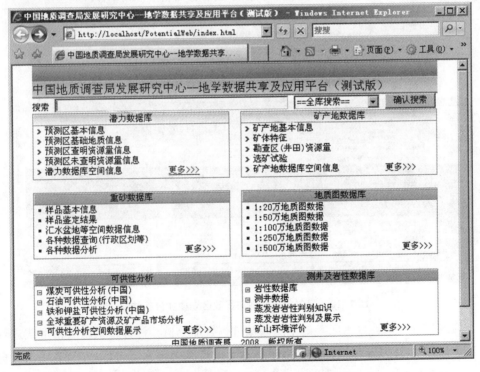

图 7-8 地学数据集成展示平台（B/S 模式）

7.4.2 石油地质资源分析

1. 石油地质资源叠加分析

基于 MVC 模式的集成系统在对我国石油预测区进行叠加分析时，使用面积百分比分配方法，即某个要素在多个背景区域内各自所占面积比进行各种资源量分配的方法。由于每个石油预测区（面要素）均要检索与所有的行政区划空间要素叠加后的面积，并且计算出每个石油预测区根据面积在多个省份中的资源量具体分配值（某个石油预测区在某个行政区域内面积等于在此行政区域内多个叠加相交区域面积的和）。在计划石油预测区与行政区划叠加分析时，基于 MVC 模式的集成系统会自动显示当前执行进度如图 7-9 所示，执行结果可方便地进行空间属性交互。

鄂尔多斯盆地跨内蒙古、陕西、甘肃、宁夏、山西 5 个省（市、自治区），因此其油气资源根据盆地在各省（市、自治区）的面积进行划分，叠加分析结果及盆地在各省（市、自治区）的百分比和资源分配情况如图 7-10 所示。

计算第[100]个预测区《台西-台西南》与背景区块第[3]个小块相交几何体的面积和百分比…… 82 %

图 7-9　石油预测区与行政区划叠加分析进度

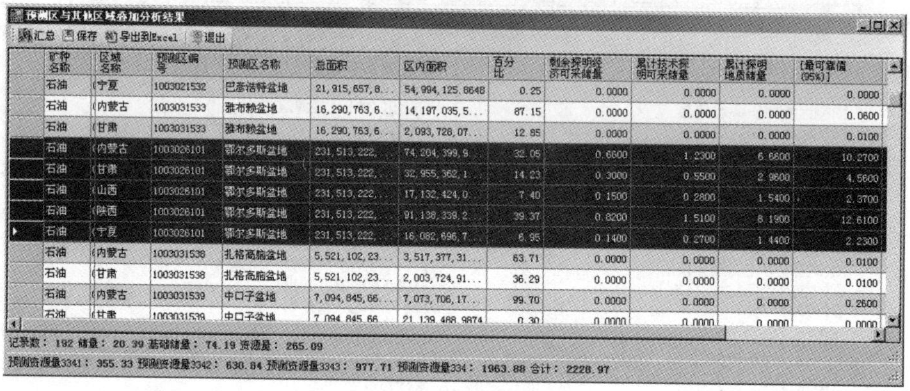

矿种名称	区域名称	预测区编号	预测区名称	总面积	区内面积	百分比	剩余经济可采储量	累计探明技术可采储量	累计探明地质储量	[最可靠值(95%)]
石油	宁夏	1003021532	巴彦浩特盆地	21,915,657,8...	54,994,125.8648	0.25	0.0000	0.0000	0.0000	0.0000
石油	内蒙古	1003031533	雅布赖盆地	16,290,763,6...	14,197,035,5...	87.15	0.0000	0.0000	0.0000	0.0600
石油	甘肃	1003031533	雅布赖盆地	16,290,763,6...	2,093,728,07...	12.85	0.0000	0.0000	0.0000	0.0100
石油	内蒙古	1003026101	鄂尔多斯盆地	231,513,222,	74,204,399,9	32.05	0.6600	1.2300	6.6600	10.2700
石油	甘肃	1003026101	鄂尔多斯盆地	231,513,222,	32,955,362,1	14.23	0.3000	0.5500	2.9600	4.5600
石油	山西	1003026101	鄂尔多斯盆地	231,513,222,	17,132,424,0	7.40	0.1500	0.2800	1.5400	2.3700
石油	陕西	1003026101	鄂尔多斯盆地	231,513,222,	91,138,338,2	39.37	0.8200	1.5100	8.1900	12.6100
石油	宁夏	1003026101	鄂尔多斯盆地	231,513,222,	16,082,696,7	6.95	0.1400	0.2700	1.4400	2.3300
石油	内蒙古	1003031536	扎格高脑盆地	5,521,102,23	3,517,377,31	63.71	0.0000	0.0000	0.0000	0.0100
石油	甘肃	1003031538	扎格高脑盆地	5,521,102,23	2,003,724,91	36.29	0.0000	0.0000	0.0000	0.0100
石油	内蒙古	1003031539	中口子盆地	7,094,845,66	7,073,706,17	99.70	0.0000	0.0000	0.0000	0.2600
石油	甘肃	1003031539	中口子盆地	7,094,845,66	21,139,488,9874	6.30	0.0000	0.0000	0.0000	0.0000

记录数：192 储量：20.39 基础储量：74.19 资源量：265.09
预测资源量3341：355.33 预测资源量3342：630.84 预测资源量3343：977.71 预测资源量334：1963.88 合计：2228.97

图 7-10　鄂尔多斯盆地与行政区划叠加分析结果

通过与省（市、自治区）的空间区域进行叠加分析，计算结果以表格形式进行展示，如图 7-11 所示。表格中列出了石油盆地名称（预测区名称）、跨省、市、自治区（区域名称）、总面积、盆地在各省（市、自治区）百分比等，可以计算每个盆地在每个省（市、自治区）的探明地质资源量（剩余经济可采储量、累计探明技术可采储量等），甚至能够分配待探明地质资源量，如最可靠值（95%）、期望值、最大可能值（5%）等信息。

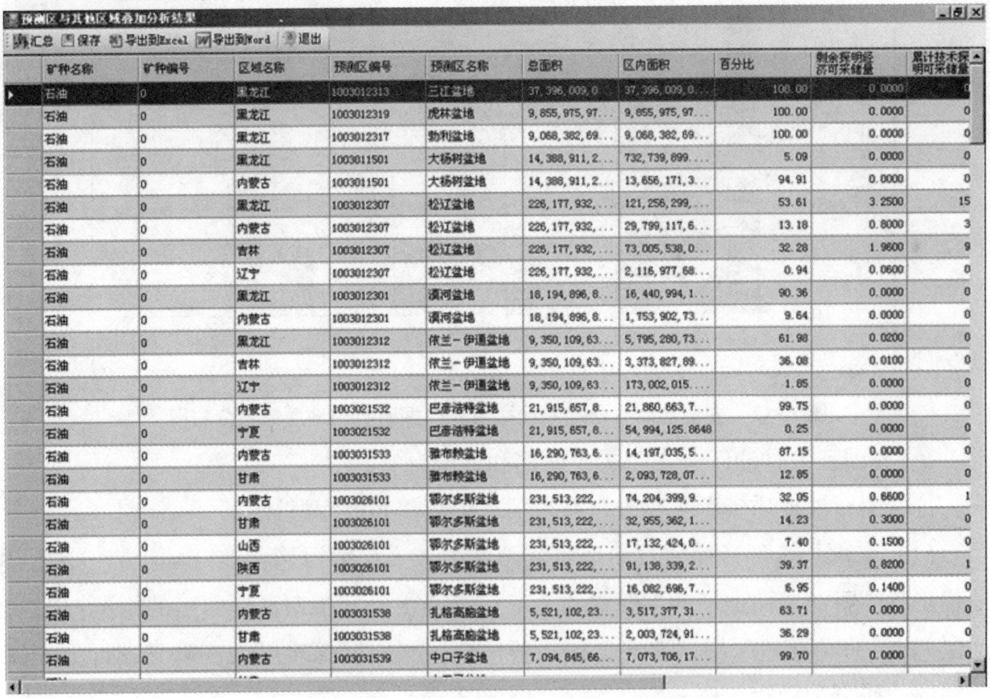

矿种名称	矿种编号	区域名称	预测区编号	预测区名称	总面积	区内面积	百分比	剩余探明经济可采储量	累计技术探明可采储量
石油	0	黑龙江	1003012313	三江盆地	37,396,009,6	37,396,009,0	100.00	0.0000	
石油	0	黑龙江	1003012319	虎林盆地	9,855,975,97	9,855,975,97	100.00	0.0000	0
石油	0	黑龙江	1003012317	勃利盆地	9,068,382,69	9,068,382,69	100.00	0.0000	0
石油	0	黑龙江	1003011501	大杨树盆地	14,388,911,2	732,739,899	5.09	0.0000	0
石油	0	内蒙古	1003011501	大杨树盆地	14,388,911,2	13,656,171,3	94.91	0.0000	0
石油	0	黑龙江	1003012307	松辽盆地	226,177,932,	121,256,299,	53.61	3.2500	15
石油	0	内蒙古	1003012307	松辽盆地	226,177,932,	29,799,117,6	13.18	0.8000	3
石油	0	吉林	1003012307	松辽盆地	226,177,932,	73,005,538,0	32.28	1.9600	9
石油	0	辽宁	1003012307	松辽盆地	226,177,932,	2,116,977,68	0.94	0.0600	0
石油	0	黑龙江	1003012301	漠河盆地	18,194,896,6	16,440,994,1	90.36	0.0000	0
石油	0	内蒙古	1003012301	漠河盆地	18,194,896,6	1,753,902,73	9.64	0.0000	0
石油	0	黑龙江	1003012312	依兰－伊通盆地	9,350,109,63	5,795,280,73	61.98	0.0200	0
石油	0	吉林	1003012312	依兰－伊通盆地	9,350,109,63	3,373,827,89	36.08	0.0100	0
石油	0	辽宁	1003012312	依兰－伊通盆地	9,350,109,63	173,002,015	1.85	0.0000	0
石油	0	内蒙古	1003021532	巴音浩特盆地	21,915,657,6	21,860,663,7	99.75	0.0000	0
石油	0	宁夏	1003021532	巴音浩特盆地	21,915,657,6	54,994,125.8648	0.25	0.0000	0
石油	0	内蒙古	1003031533	雅布赖盆地	16,290,763,6	14,197,035,5	87.15	0.0000	0
石油	0	甘肃	1003031533	雅布赖盆地	16,290,763,6	2,093,728,07	12.85	0.0000	0
石油	0	内蒙古	1003026101	鄂尔多斯盆地	231,513,222,	74,204,399,5	32.05	0.6600	1
石油	0	甘肃	1003026101	鄂尔多斯盆地	231,513,222,	32,955,362,1	14.23	0.3000	0
石油	0	山西	1003026101	鄂尔多斯盆地	231,513,222,	17,132,424,0	7.40	0.1500	0
石油	0	陕西	1003026101	鄂尔多斯盆地	231,513,222,	91,138,339,2	39.37	0.8200	1
石油	0	宁夏	1003026101	鄂尔多斯盆地	231,513,222,	16,082,696,7	6.95	0.1400	0
石油	0	内蒙古	1003031538	扎格高脑盆地	5,521,102,23	3,517,377,31	63.71	0.0000	0
石油	0	甘肃	1003031538	扎格高脑盆地	5,521,102,23	2,003,724,91	36.29	0.0000	0
石油	0	内蒙古	1003031539	中口子盆地	7,094,845,66	7,073,706,17	99.70	0.0000	0

图7-11　石油预测区与行政区划叠加分析结果

2. 结合地质背景对石油地质资源的分析

结合地质背景对石油与行政区划，及大区叠加操作结果进行分析发现，我国油气资源探明程度总体不高，石油探明程度33%，待探明石油地质储量丰富，主要盆地勘探还处于早中期，勘探潜力和勘探领域还很广阔。根据资源潜力分析，如果塔里木盆地、东海、青藏高原和南海南部海域的油气勘探有新突破，将使我国油气勘探开发出现新的局面。

1）待探明石油地质资源总量丰富

我国待探明石油地质资源（不包括南海南部盆地）、待探明石油可采资源量（不包括南海南部盆地）均很大。待探明石油地质资源主要分布在我国东部的松辽和渤海湾盆地（陆上），中部的鄂尔多斯盆地，西部的塔里木、准噶尔和柴达木盆地，近海海域的渤海湾盆地（海域），珠江口盆地等待探明的盆地中，如图7-12所示。

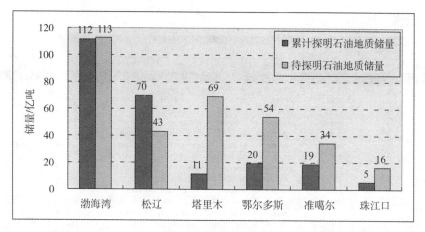

图7-12　主要含油气盆地累计探明和待探明石油地质储量分布图

2）我国三大含油区（东部、中西部和近海海域）

待探明石油地质资源主要分布在东部、中西部和近海海域。

（1）东部。东部待探明石油地质资源潜力较大，渤海湾盆地（陆上）、松辽盆地仍是我国石油增储上产的主要盆地。东部资源主要分布在富油凹陷的构造-岩性、地层-岩性油气藏和深层，油气藏的隐蔽性强，深层勘探难度大，需要进行更为深入细致的研究和勘探工作。

（2）中西部。中西部待探明石油地质资源潜力很大，主要分布在塔里木、鄂尔多斯和准噶尔盆地，为中西部石油勘探的主体。其中塔里木盆地和准噶尔盆地腹部石油地质资源埋藏较深，鄂尔多斯盆地储层渗透性较差，油气成藏规律复杂，研究还有待深入。

（3）近海海域。近海海域勘探程度较低，待探明石油地质储量很大，待探明石油地质资源比较丰富，是新的储量和产量增长点。其中以渤海海域、珠江口盆地为重点，石油地质资源主要分布浅海海域，以常规油和重油为主。

3）新区、新领域资源潜力可观

从基础地质条件分析，包括青藏地区的羌塘、措勤在内的尚未有油气发现的盆地大多数具有一定的油气潜力和勘探前景，但它们的勘探程度普遍较低。目前，对这些盆地的地质认识程度很低，资源风险大，部分盆地缺少可直接证明其油气潜力的钻探资料，需要开展深入的调查评价和成藏条件研究，进一步明确含油气前景。

我国传统疆域内的盆地油气资源丰富，其石油地质储量超百亿吨，主要分布在深水地区，勘探开发难度较大。该地区是我国今后油气发展的重要后备接替区。

7.4.3 煤炭矿产资源潜力缓冲区分析

1. 缓冲区类型

有时用户对某个点、某条线或某个多边形周围区域中的某个矿种预测区分布及资源量分配情况更感兴趣，这样就需要使用自定义的图形要素来选择某个矿种预测区，对落在区域内的预测区要素进行叠加分析。首先，应对点、线、面按指定缓冲区半径，生成点缓冲区、线缓冲区、面缓冲区，并与指定的矿种预测区叠加分析。面缓冲区分析可以对指定的预测区进行外延加内缩缓冲区、面要素加外延缓冲区、面要素减内缩缓冲区、仅外延缓冲区、仅内缩缓冲区 5 种缓冲分析。基于 SOA 的矿产资源潜力数据库系统生成的点、线、面缓冲区采用 8 个小矩形的多边形加以说明，如图 7-13 所示。

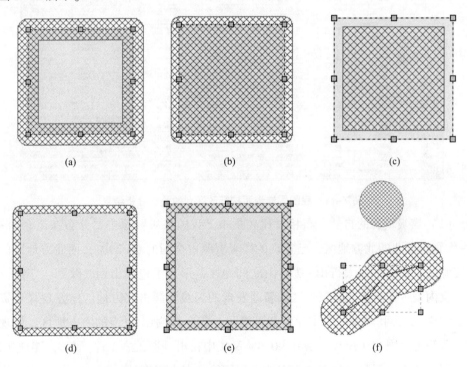

(a)   (b)   (c)

(d)   (e)   (f)

图 7-13 矿产资源潜力数据仓库系统生成的点、线、面缓冲区

（a）外延加内缩缓冲区；（b）面要素加外延缓冲区；（c）面要素减内缩缓冲区；

（d）仅外延缓冲区；（e）仅内缩缓冲区；（f）仅缓冲和线缓冲区

2. 煤炭缓冲区及叠加分析结果

1）煤炭资源分布特点

不同区域的煤炭资源分布情况可通过对煤炭进行的空间区域叠加分析、缓冲区分析，图 7-14 给出了我国煤炭资源按行政区划的叠加分析结果，结合地质背景分析我国煤炭资源的分布特点。

分析结果的汇总

图表输出 导出到Excel 保存 退出

区域名称	矿种名称	储量	基础储量	资源量	预测可靠的334-1	预测可能的334-2	预测推断的334-3	334	合计
浙江	煤炭	73.96	174.79	4,671.98	3,756.64	225.75	106.19	4,088.58	8,760.56
安徽	煤炭	991,608.29	1,776,719.43	8,836,960.73	3,195,251.30	1,487,707.49	1,420,955.91	6,103,914.70	14,940,875.43
内蒙古	煤炭	1,657,289.19	7,597,183.61	144,639,630.15	36,124,832.94	82,178,641.04	3,880,400.86	122,183,874.84	266,823,504.99
天津	煤炭	78,693.82	114,285.25	1,005,034.23	307,223.20	208,137.89	312,032.20	827,393.29	1,832,427.52
海南	煤炭	0.00	8,932.00	9,032.00	100.00	0.00	0.00	100.00	9,132.00
山东	煤炭	1,207,531.78	1,724,505.67	6,861,502.80	3,315,166.14	625,697.08	287,218.34	4,228,081.56	11,089,584.36
北京	煤炭	99,552.10	130,700.82	1,005,057.76	295,491.33	128,036.66	314,795.09	738,323.08	1,743,380.84
宁夏	煤炭	348,052.74	946,053.70	19,360,059.29	7,166,055.99	7,910,967.46	1,333,829.22	16,410,852.67	35,770,911.96
青海	煤炭	86,558.79	153,603.33	4,143,951.27	1,433,800.04	686,917.47	1,583,813.73	3,704,531.24	7,848,482.51
黑龙江	煤炭	890,803.23	1,283,816.02	3,782,984.22	566,019.98	896,052.65	307,586.65	1,769,659.28	5,552,643.50
江西	煤炭	105,453.37	133,758.00	545,328.82	116,589.61	205,142.75	84,295.55	406,027.91	951,356.73
山西	煤炭	5,010,280.33	14,291,432.50	63,322,227.22	22,942,982.14	12,999,330.50	2,477,590.47	38,419,903.11	101,742,130.33
广东	煤炭	27,516.53	51,249.10	149,063.70	41,734.23	27,868.59	21,537.27	91,140.09	240,203.79
辽宁	煤炭	529,049.76	573,875.33	1,300,418.38	128,746.02	244,127.49	229,038.62	601,912.13	1,902,330.51
黄海海域	煤炭	0.00	0.00	0.00	0.00	0.00	0.00	0.00	0.00
福建	煤炭	73,720.84	74,190.85	361,115.52	127,454.90	119,000.34	8,821.38	255,276.62	616,392.14
吉林	煤炭	151,851.28	186,770.50	508,133.48	77,513.20	104,848.53	98,205.80	280,567.53	788,701.01
台湾	煤炭	0.00	0.00	0.00	0.00	0.00	0.00	0.00	0.00
河南	煤炭	944,239.19	1,648,126.65	11,611,022.13	5,521,032.92	2,194,908.27	1,494,299.04	9,210,240.23	20,821,262.36
广西	煤炭	97,947.51	207,921.80	377,698.95	41,598.82	75,611.08	49,864.31	167,074.21	544,773.16
西藏	煤炭	8,440.63	8,440.63	88,084.51	12,713.31	39,756.42	27,174.15	79,643.88	167,728.39
河北	煤炭	993,050.31	1,338,114.16	7,568,474.70	1,440,985.80	2,060,926.16	2,269,621.03	5,771,532.99	13,340,007.69
湖南	煤炭	211,216.37	273,878.68	787,621.85	235,217.35	180,614.31	39,840.88	455,672.54	1,243,294.39
贵州	煤炭	480,644.38	2,004,725.19	24,288,740.85	14,173,665.32	4,171,361.76	714,183.06	19,059,210.14	43,347,950.99
湖北	煤炭	34,500.61	34,569.47	77,827.56	510.54	16,693.11	8,372.51	25,576.16	103,403.72
四川	煤炭	198,027.88	891,976.88	2,761,837.96	402,541.71	873,862.12	804,814.48	1,681,218.31	4,443,056.27
江苏	煤炭	309,739.14	356,636.02	894,761.77	164,572.35	168,156.57	168,230.47	500,959.39	1,395,721.16
陕西	煤炭	986,989.73	3,149,446.88	37,269,435.78	12,057,770.84	3,814,013.21	5,718,365.19	21,590,149.24	58,859,585.02
云南	煤炭	429,488.63	1,602,804.01	6,573,296.71	1,897,483.70	1,991,560.11	393,599.39	4,282,643.20	10,855,939.91

图 7-14　我国煤炭资源按行政区划的叠加分析结果

（1）煤炭资源的自然分布相对比较集中。我国煤炭资源主要分布在昆仑山-秦岭-大别山以北的北方地区，已发现的煤炭资源占全国的 90.29%，而北方地区的煤炭资源又主要集中在太行山-贺兰山之间地区，形成了包括山西、陕西、宁夏、河南，及内蒙古中南部的富煤地区。新疆发现的煤炭资源占北方地区已发现煤炭资源的 12.35%，为我国又一个重要的富煤地区。秦岭-大别山以南的南方地区，发现煤炭资源只占全国的 9.65%，其中 90.6% 又集中在川、贵、滇 3 省，形成了南方以贵州西部、四川南部和云南东部为主的富煤地区。在大兴安岭-太行山-雪峰山一线以西地区，已发现煤炭资源占全国的 89%，而其以东是我国经济发达地区，是能源的主要消耗地区，已发现煤炭资源仅占全国的 11%，同时也是煤炭资源贫缺的地区。因此，从根本上说，北煤南运和西煤东调符合我国客观实际的需要。

（2）煤类数量和分布极不平衡。我国的煤炭资源分布极不平衡，华北赋煤区几乎占据全国煤炭资源的50%，其次是西北赋煤区，再次之是东北赋煤区、华南赋煤区和滇藏赋煤区，如图7-15所示。我国煤炭的煤类齐全，包括了从褐煤到无烟煤各种不同煤化阶段的煤，除褐煤占已发现煤炭资源总量的12.68%以外，低变质烟煤占的比例为煤炭资源总量的42.45%，贫煤和无烟煤占17.28%；而中变质烟煤，即传统上称之为"炼焦用煤"的数量却较少，只占27.58%，而且其中大多为气煤，占中变质烟煤的46.92%，肥煤、焦煤、瘦煤则较少，分别占中变质烟煤的13.64%、24.32%和15.12%。

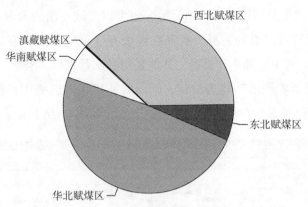

图7-15　我国不同赋煤区资源量分布图

2. 我国煤炭资源供需潜力分析

1）预测资源量

在各省（自治区）中，煤炭预测资源量依次为新疆维吾尔自治区18 037.30亿吨；内蒙古自治区12 250.43亿吨；山西省3 899.18亿吨；陕西省2 031.10亿吨；贵州省1 896.90亿吨；宁夏回族自治区1 741.11亿吨；甘肃省1 428.87亿吨；河南省919.71亿吨；安徽省611.59亿吨；河北省601.39亿吨；云南省437.87亿吨；山东省405.13亿吨；青海省308.42亿吨；四川省303.79亿吨；黑龙江省176.13亿吨；北京市、天津市、辽宁省、江苏省、湖南省、江西省6省（市）为40亿吨以上；福建省、湖北省、广东省、广西壮族自治区、西藏自治区均在10亿吨左右；上海市、海南省（0.01亿吨）、浙江省（0.44亿吨）基本上为无煤省（市）。

2）我国煤炭资源潜力分析

我国煤炭资源丰富，煤炭资源是我国的主体能源。现有各类煤矿2.78万处，2007年煤炭产量25.5亿吨，可供储量主要分布在山西、内蒙古、山东、河北、河南、辽宁、黑龙江、安徽、江苏、新疆、贵州、云南等24个省（自治区、市），尤其集中在河北、山西、内蒙古、黑龙江、安徽、山东、河南、云南、新疆 9 个省（自治区）。

我国煤炭资源开采条件比较复杂，资源分布与区域经济发展水平、消费需求不适应，与水资源呈逆向分布。生态环境在一定程度上制约着煤炭资源的开发，不合理开发可能导致北方干旱地区的水资源破坏和生态环境的进一步恶化。

7.4.4 与全国矿产地数据库集成查询

矿产地发布的服务可以单独调用显示，也可以集成在潜力数据库预测区信息查询条件中的矿产地信息查询服务。矿种查询服务（可以提取所有的矿种）可以在"矿种"下拉列表框中选择矿种类型，其他公用基础数据以此类推。在确认查询时，如果勾选了"包括矿产地"复选按钮，则同时使用相同的查询条件查询矿产地信息，并将查询的结果显示在潜力数据表格的下方，如图7-16所示。

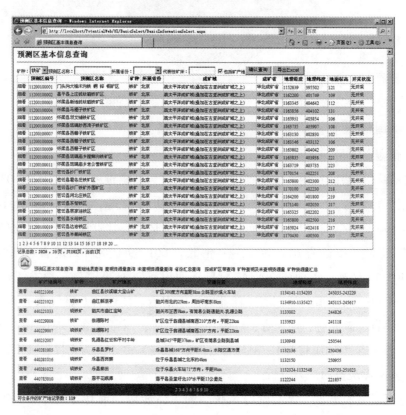

图 7-16 基于 SOA 的潜力数据库和矿产地数据库无缝查询结果

7.4.5 与可供性分析系统的集成

1. 可供性分析系统

全球石油、煤炭、铁矿和钾盐矿产资源数据库管理和分析系统是"金土工程"中矿产资源保障系统建设的一部分。为了全面掌握我国紧缺矿产资源、全球分布和开发利用等动态变化情况，充分利用国内外资源和市场，促进我国解决石油、煤、铁、钾盐等涉及国家安全的基础性、战略性矿种的科学合理开发和利用，在一定程度上规避高价大量进口、低价大量出口矿产品的现象，针对石油、煤炭、铁矿、钾盐4种矿产，自然资源部建立我国矿产资源可供性分析系统和全球重要矿产资源及矿产品市场分析系统。可供性分析系统在中国矿产资源可供性数据集、全球矿产资源数据集、矿产品数据集3个数据集形成的数据库基础上，采用用户端/服务器（C/S）和浏览器/服务器（B/S）混合体系结构，使用 ArcGIS 系列产品自主研发的 API 图形快速发布浏览技术，结合 Web 服务技术实现相应的数据库管理、信息发布、GIS 展示、数据分析和系统维护等功能。

可供性分析系统基于 SOA 模式进行设计与实现，可以与其他系统集成，也可以与矿产地数据库、潜力数据库、重砂数据库、地质图数据库等有机集成。

2. 可供性分析集成效果

可供性分析系统的服务保存在自然资源部信息中心的服务器上，可以通过 C/S、B/S 等各种用户端调用其公布的服务，并显示查询结果。可供性分析使用潜力数据库中的石油、煤炭、铁矿、钾盐的资源量数据是通过调用注册在 SOA 服务器上的潜力数据库 Web 服务实现的。C/S 模式调用可供性分析 Web 服务的石油产量预测分析结果采用图表的交互式展示（如图 7-17 所示），B/S 模式调用可供性分析 Web 服务生成的煤炭成本储量分析结果通过浏览器实现（如图 7-18 所示）。

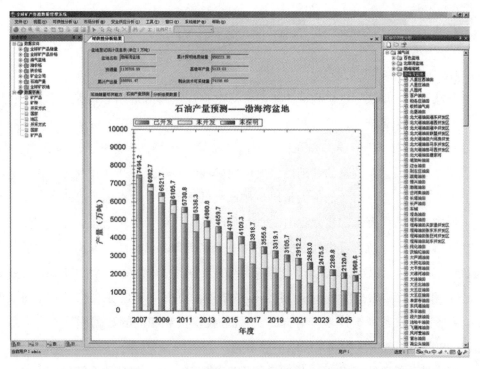

图 7-17 C/S 模式的石油产量预测分析结果

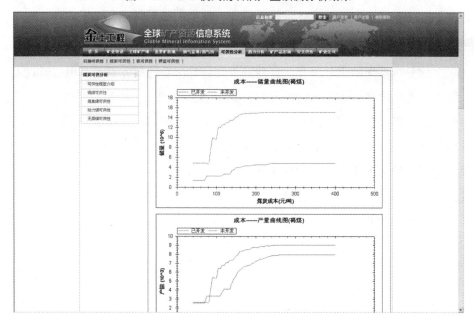

图 7-18 B/S 模式的煤炭成本储量分析结果

7.4.6 与油气资源系统的集成

国家级油气资源数据库（National Petroleum Resources Database，NPRDB）是"数字国土"工程国土资源基础数据库建设的重要内容。建设国家级油气资源数据库，可以全面、系统、及时综合掌握全国油气资源的勘探开发信息，支撑国家油气资源可持续发展战略的制定和政策的研究，为实现保护油气资源，可持续利用油气资源。

此数据库由盆地油气资源基础地质、省（自治区、市）油气资源基础信息、管线（炼化）、地球物理勘探、钻探、区块登记状况、油气资源勘查投入完成情况、督察、企业信息、石油储备10个专题组成，采用 Oracle 数据仓库和 SOA 进行搭建，使用 Visual Studio 2005（C/S：WinForm；B/S：ASP.NET），基于 ArcGIS Engine 进行二次开发，与矿产资源潜力数据库开发为同一个技术路线，调用 SOA 服务器上的地质图服务、地理服务、管线服务等服务，可在本地用户端展示省（自治区、市）数据等各种结果，如图 7-19 所示。

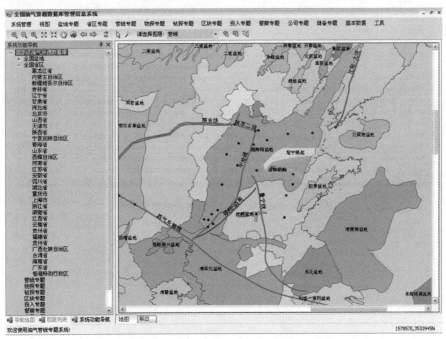

图 7-19　国家级油气资源数据仓库管理系统省（区、市）界面

7.4.7　与蒸发岩岩性判别系统的集成

测井数据是通过授权后的 Web 服务访问保存在文本书件中的测井。塔里木盆地的测井数据，每口井在不同深度使用不同的测井方法，取得的测井参数不同，所以一口井有多个测井数据文件。

服务是根据每口井的元数据打开对应的测井数据文件（通过 OLE 方式）。由于测井数据是涉密文件，不能随便复制到个人机器上，因此使用 Web 服务方式访问岩性数据、判别规则知识、蒸发岩沉积韵律旋回标准等。在以向导式的蒸发岩岩性判别过程中分别调用对应的 Web 服务，给出蒸发岩岩性判别的结果，如图 7-20 所示。

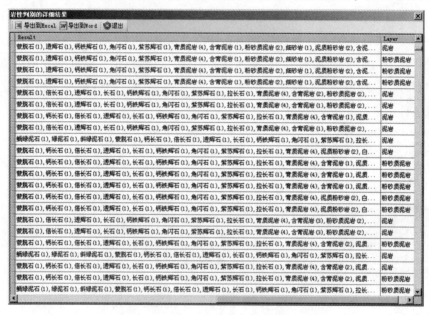

图 7-20　基于 SOA 的蒸发岩岩性判别结果

第8章
主要成果与展望

8.1 主要成果

本书针对多源、异构、分布式、海量的地学数据集成需求展开，对空间数据仓库、面向服务体系结构及相关的技术进行了深入的研究，主要工作包括地学空间数据仓库构建、地学空间数据立方体构建、地学服务应用集成模型建立、基本空间分析及挖掘4大方面，其中第1项和第3项是本书的研究重点。主要成果如下。

（1）本书提出了实现地学领域数据集成与应用集成的完整框架、集成策略、实施金字塔和物理部署等。

（2）本书构建了由地学原始数据数据仓库和地学空间数据仓库组成的地学空间数据仓库总体模型，并给出了省、区到国家的数据集市、数据仓库之间的逻辑关系和数据流；建立了异构地学数据转换成同构地学空间数据模型的映射关系，并给出了属性数据、空间数据、栅格和文档等非结构数据之间的映射关系；设计并实现了地学空间数据 ETL 工具；构建了地学成果数据基于内容数据仓库的存储机制，并给出了全文检索和基于目录管理的模式。

（3）本书建立了地学空间概念模型和地学空间在线数据分析模型，首次建立地学空间数据立方体，对其进行基于数值度量和空间度量的上卷、下钻等各种基本分析。

（4）本书提出了基于面向服务体系结构（SOA）的地学应用集成框架，将已有和新建的访问异构、同构数据的组件包装，并发布成 Web 基本服务和空间数据服务。通过 Web 服务将属性数据、矢量数据、栅格数据、内容数据等有机集成在一起，实现互操作。通过调用地学服务完成较为复杂的地学数据处理操作。针对 SOA 服务器对 Web 服务调用生成的海量 XML 数据支持有限和性能等问题，提出了优化 Web 服务结果和基于 Socket 服务器的新型集成与共享模型。

（5）对集成后的数据和服务进行了初步的空间数据挖掘操作，主要进行了聚类分析、资源量的叠加分析和缓冲区分析，实现了基于专家知识的蒸发岩岩性判别，发现并在岩性判别时应用了蒸发岩沉积韵律旋回模式。

（6）初步集成了矿产地数据库、潜力数据库、重砂数据库、可供性分析、国家级油气资源数据库等专题数据库，通过具体软件实现获得了良好效果。

8.2 展望

1. SOA 访问安全问题

由于地学数据中，有一些数据在一段时间内是保密的，而 Web 服务以 XML 格式进行转换，需要对数据进行加密；另外访问数据的用户需要根据身份的不同提取不同等级的地学数据，可以在基于角色访问、SSO、SSL 等方面开展进一步的研究。

2. 查询语句的优化

由于地学数据的海量性与空间性，尤其在地学分析时从海量地学空间数据仓库中提取大量的数据（有时可能达几百兆字节，甚至达吉字节）进行处理，故查询及分析性能是关键。需要在查询语句、检索机制、数据存储机制、索引机制、模型构建等方面深入研究。

3. 服务的稳定性

由于基于 SOA 的应用集成，所有的应用以 Web 服务形式发布，真正实现计算的组件可能位于全国各地的机器上，甚至是其他国家的某台机器上，因此保证服务供应的质量需要进一步研究。

4. 尽可能达到语义统一

由于地质专家、领域、专题、不同时期的理论不一致，导致地学空间数据仓库中的数据仍然可能存在语义的不一致性，在此可以基于本体理论等深入探讨。

5. 地质信息国际化

目前，随着世界各国地质工作信息化程度的不断提高，用户对地质信息的质量提出了越来越高的要求，同时对国家地质信息提供的质量、方便程度等也提出了非常高的要求。一方面需要一站式服务，另一方面由于地学信息国际化加强，我国地学信息要与世界接轨，再加之基于服务的地质信息在 Internet 上逐渐成为发展方向，要求我国的地质信息在不断提高对国内使用群体的服务的同时，还要关注国际上其他发达、发展中国家地学信息的发展情况，注意国外用户访问我国地质信息的情况。

为了让全世界了解中国地质信息的发展情况，使用中国的地质信息，我们在各大网站上提供服务时，不能只提供中文的语言，要考虑同时或未来一段时间后可以提供中文、英文、日文等多国语言访问同一内容的中国地质信息。

实现中国地质信息的国际化可以根据用户访问的平台自动更换提示语言，甚至是内容。该点可以使用.NET、J2EE 平台的国际化技术来实现。

参 考 文 献

［1］牛文元. 新时期中国地质工作发展的六大战略要点［J］. 地质通报，2003，
22：850-853.

［2］方克定. 不同时空条件的地质工作与经济发展需求［J］. 地质通报，2003，
22：845-849.

［3］姜作勤. 地质信息服务体系框架研究［J］. 中国地质，2007，34（1）：173-178.

［4］李振华、胡光道，王淑华. 一个地学数据仓库的初步设计与实现［J］. 地质与
勘探，2002，38（5）：67-70.

［5］胡光道. 地质数据仓库设计中的几个问题［J］. 地球科学（中国地质大学学
报），1999，5：522-524.

［6］李德仁，王树良，李德毅. 空间数据挖掘理论与应用［M］. 北京：科学出版
社，2006.

［7］杨毅恒，韩燕. 多维地学数据处理技术与方法［M］. 北京：科学出版
社，2002.

［8］肖克炎，王勇毅，陈郑辉，等. 中国矿产资源评价新技术与评价新模型［M］.
北京：地质出版社，2006.

［9］王晓明，高勇，刘玉玲. 面向水环境管理的空间数据仓库构建［J］. 计算机应
用研究，2005，11：195-197.

［10］朱庆，周艳. 分布式空间数据存储对象［J］. 武汉大学学报（信息科学版），
2006，31（5）：391-394.

［11］王永志，杨毅恒，高光大，等. 地学空间数据仓库构建技术［J］. 地质通报，
2008，27（5）：713-719.

[12] 陈苗, 杨毅恒, 王永志. 表分区在优化海量地质数据检索中的应用 [J]. 世界地质, 2008, 27 (1): 100-104。

[13] 崔晓军, 薛永生. 数据仓库集成环境研究与实现 [J]. 计算机应用研究, 2006, 12: 178-184.

[14] 赵晓非, 黄志球. 基于 CWM 的元数据集成中形式化推理技术的研究 [J]. 计算机科学, 2006, 33 (12): 177-182.

[15] 王宁, 王延章, 于淼. 面向一般决策过程的数据仓库系统研究 [J]. 计算机集成制造系统, 2006, 12 (1): 139-143.

[16] 李海波, 王丽珍, 杨莉. 统一空间数据仓库权限管理分析与设计 [J]. 计算机工程, 2006, 32 (19): 54-57.

[17] 韦波, 李景文. 基于 Oracle 10g 拓扑数据模型的空间管网信息系统 WebGIS 实现 [J]. 计算机应用, 2006, 26: 115-116+121.

[18] 姚力波, 王仁礼. 基于 Oracle Spatial 空间数据库的 GIS 数据管理 [J]. 测绘与空间地理信息, 2006, 29 (2): 82-86.

[19] 魏东, 陈晓江, 房鼎益. 基于 SOA 体系结构的软件开发方法研究 [J]. 微电子学与计算机, 2005, 22 (6): 73-75.

[20] 邹逸江. 多维空间分析的关键技术-空间数据立方体 [J]. 地理与地理信息科学, 2006, 22 (1): 13-16.

[21] 林杰斌, 刘明德, 陈湘. 数据挖掘与 OLAP 理论与实务 [M]. 北京: 清华大学出版社, 2003.

[22] 赵文兵, 廖湖声, 谢昆青. 基于 GML 的地理信息集成系统研究 [J]. 计算机工程与应用, 2006, 48-48+53.

[23] 旷建中, 马劲松, 蒋民锋. 基于 GML 的多源空间数据集成模型研究 [J]. 计算机应用研究, 2005, 6: 105-107.

[24] 李景朝, 王永志, 谭永杰. 基于 GIS 和 SOA 的我国石油, 煤炭, 铁矿和钾盐资源潜力数据库建设 [J]. 国土资源信息化, 2010 (6): 23-28.

[25] 赵鹏大, 矿产勘查理论与方法 [M]. 武汉: 中国地质大学出版社. 2001.

[26] 林杰斌, 刘明德, 陈湘. 数据挖掘与 OLAP 理论与实务 [M]. 北京: 清华大学出版社, 2003.

[27] 陈丹, 袁捷. 基于 SOA 的分布式科研信息系统 [J]. 计算机工程与设计, 2006, 27 (24): 4756-4761+4766.

[28] 苏炳均，诸昌铃，李林. 基于 Oracle Spatial 的 GIS 数据组织及查询 [J]. 计算机应用研究，2006，12：278-280.

[29] 彭明军，李宗华. 基于 Oracle Spatial 的空间数据互操作 [J]. 计算机工程与应用，2006，32：154-157.

[30] 聂独，李晓明，田雪，等. 基于 Oracle Spatial 的配电网 GIS 数据存储方法 [J]. 2006，26（5）：42-45.

[31] 王永志，杨毅恒，路来君. 基于 SOA 的油气资源评价系统设计与实现 [J]. 世界地质，2007，26（4）：447-452.

[32] 王永志，杨毅恒，初娜，等. 德兴铜矿大坞河流域土壤 Cu 元素形态的聚类分析 [J]. 地球物理学进展，2008，23（1）：233-236。

[33] 陈苗，杨毅恒，王永志. 基于 SOA 的蒸发岩盆地岩性判别系统 [J]. 地球物理学进展，2008，23（2）：528-532.

[34] 吴文明，瞿裕忠，董逸生. Web 服务及相关技术 [J]. 计算机应用与软件，2004，21（3）：14-15.

[35] 吴勇. 一站式 SOA 解决方案 [R]. Oracle Corporation，2007，6-60.

[36] 刘冰，卢秀山，田茂义. 基于 SOA 的空间数据管理研究 [J]. 测绘科学，2007，32（1）：124-25.

[37] 罗英伟，汪小林，许卓群. 层次化 WebGIS 构件系统的设计与实现 [J]. 计算机学报，2004，27（2）：177-185.

[38] 何牧，孙中轶，蔡鸿明，等. 基于网格向 SOA 提供资源的设计和实现 [J]. 计算机工程，2006，32（21）：110-112.

[39] 杜攀，徐进. SOA 体系下细粒度组件服务整合的探讨 [J]. 计算机应用，2006，26（3）：699-702.

[40] 桂小林，王庆江，龚文强，等. 面向网格计算的机器选择算法研究 [J]. 计算机研究与发展，2004，41（12）：2189-2194.

[41] 湘南，黄方等，GIS 空间分析原理与方法 [M]. 北京：科学出版社，2006.

[42] 汤国安、杨昕，ArcGIS 地理信息系统空间分析实验教程 [M]. 北京：科学出版社，2006，196-233.

[43] 李裕伟，赵精满，李晨阳. 基于 GMS、DSS 和 GIS 的潜在矿产资源评价方法（上册）[M]. 北京：地震出版社，2007.

[44] 李裕伟，赵精满，李晨阳. 基于 GMS、DSS 和 GIS 的潜在矿产资源评价方法

（下册）［M］. 北京：地震出版社，2007.

［45］张发旺，侯新伟，韩占涛. 煤炭开发引起水土环境演化及其调控技术［J］. 地球学报，2001，22（4）：345-350.

［46］王文雯，赵彦玲. 济南市玉绣河沿岸绿地的生物多样性分析及其优化措施［J］. 地球物理学进展，2005，2（2）：482-486.

［47］孙扬，王跃思，李昕，等. 北京地区一次持续重污染过程 O3、NOx、CO 的垂直分布分析［J］. 地球物理学报，2006，49（6）：1616-1622.

［48］赵元艺，张光第，蔡剑辉. 德兴铜矿床地质模型初探［J］. 西北地质，2003，36 增刊：126-129.

［49］郭秀军，武瑞锁，贾永刚，等. 不同土壤中含油污水污染区的电性变化研究及污染区探测［J］. 地球物理学进展，2005，20（2）：402-406.

［50］汤懋苍，张拥军，李栋梁. 青藏铁路沿线的天灾及其预测方法探索［J］. 地球物理学报，2006，49（5）：1316-1320.

［51］刘熙明，胡非，李磊，等. 北京地区夏季城市气候趋势和环境效应的分析研究［J］. 地球物理学报，2006，49（3）：689-697.

［52］李婧，刘树华，茅宇豪，等. 不同生态系统 CO2 通量和浓度特征分析研究［J］. 地球物理学报，2006，49（5）：1298-1307.

［53］党志，刘丛强，尚爱安. 矿区土壤中重金属活动性评估方法的研究进展［J］. 地球科学进展，2001，16（1）：86-92.

［54］李宇庆，陈玲，仇雁翎. 上海化学工业区土壤重金属元素形态分析［J］. 生态环境，2004，13（2）：154-155.

［55］何丽莉，白洪涛. 用聚类分析方法挖掘 Aspect［J］. 计算机集成制造系统，2006，12（1）：149-153.

［56］杨毅恒，韩燕，徐兵，等. 多维地学数据处理技术与方法［M］. 北京：科学出版社，2002，56-79.

［57］刘书暖，张振明，田锡天，等. 基于聚类分析法的典型工艺路线发现方法［J］. 计算机集成制造系统，2006，12（7）：996-1001.

［58］闫伟，张浩，陆剑峰，等. 聚类分析理论研究及在流程企业中的应用［J］. 计算机工程，2006，32（17）：19-21，27.

［59］殷晓曦，许光泉，桂和荣，等. 系统聚类逐步判别法对皖北矿区突水水源的分析［J］. 煤田地质与勘探，2006，32（2）：58-61.

［60］李树军，纪宏金. 对应聚类分析与变量选择［J］. 地球物理学进展，2005，20（3）：694-697.

［61］闫海涛，胡守云，朱育新. 土壤剖面中粉煤灰垂向迁移的磁响应［J］. 地球物理学报，2005，48（6）：1392-1399

［62］初娜，赵元艺，张光弟，等. 德兴铜矿低品位矿石堆浸场与大坞河流域土壤重金属元素形态的环境特征［J］. 地质学报，2007，81（5）：670-683.

［63］贾承造，魏国齐. "九五"期间塔里木盆地构造研究成果概述［J］. 石油勘探与开发，2003：30（1）：11-14.

［64］李勇，钟建华，温志峰，等. 蒸发岩与油气生成、保存的关系［J］. 沉积学报，2006，24（4）：596-606.

［65］张辉，高德利. 钻井岩性实时识别方法研究［J］. 石油钻采工艺，2005，27（1）：13-15+80.

［66］刘秀娟，陈超，曾冲，等. 利用测井数据进行岩性识别的多元统计方法［J］. 地质科技情报，2007，26（3）：109-112.

［67］原宏壮，陆大卫，张辛耘，等. 测井技术新进展综述［J］地球物理学进展，2005，20（3）：786-795.

［68］徐海浪，吴小平. 电阻率二维神经网络反演［J］. 地球物理学报，2006，49（2）：584-589.

［69］曹正良，王克协，谢荣华，等. 三种阵列声波测井数据频散分析方法的应用与比较［J］. 地球物理学报，2005，48（6）：1449-1459.

［70］邓小波，聂在平，赵延文，等. 用相位感应测井数据反演地层电阻率和介电常数. 地球物理学报，2006，49（2）：604-608.

［71］石油化学工业部化学矿山局，石油勘探中找钾盐矿的方法［M］. 北京：石油工业出版社，1977.

［72］陈一鸣，朱德怀，任康，等. 矿场地球物理测井技术测井资料解释［M］. 北京：石油工业出版社，1994，120-130.

［73］李新虎. 基于不同测井曲线参数集的支持向量机岩性识别对比［J］. 煤田地质与勘探，2007，35（3）：72-76，80.

［74］毛新生. SOA原理、方法、实践［M］. 电子工业出版社，2007.

［75］吴庆岩，张爱军。测井解释常用岩石矿物手册［M］. 北京：石油工业出版社，1998.

[76] 叶舟, 王东. 基于规则引擎的数据清洗 [J]. 计算机工程, 2006, 32 (23): 52-54.

[77] 黎建辉, 吴威, 阎保平. 一种基于 XML 的元数据映射与转换方法 [J]. 微电子学与计算机, 2008, 25 (1): 34-38.

[78] 王韦伟, 孙庆鸿. 基于 XML 的分布异构数据集成平台 [J]. 2006, 36 (5): 715-719.

[79] 叶炜, 顾宁. 在数据网格环境中可靠获取分布式数据的方法 [J]. 通信学报, 2006, 27 (11): 119-124.

[80] 唐宇, 何凯涛, 肖侬, 等. 国家地质调查应用网格体系及关键技术研究 [J]. 计算机研究与发展, 2003, 40 (12): 1682-1683.

[81] 赵宏, 刘鹏. 数据网格建设与系统集成 [J]. 计算机工程与设计, 2006, 27 (23): 4424-4426.

[82] 王珊, 张坤龙. 网格环境下的数据库系统 [J]. 计算机应用, 2004, 24 (10): 1-3, 23.

[83] 林杰斌, 刘明德, 陈湘. 数据挖掘与 OLAP 理论与实务 [M]. 北京: 清华大学出版社, 2003, 70-102.

[84] 邹逸江. 面向数字城市多源数据的空间数据立方体分析研究 [J]. 计算机应用研究, 2008, 25 (2): 339-341.

[85] 邹逸江. 面向"数字城市"多源数据的空间数据立方体空间度量研究 [J]. 地理与地理信息科学, 2007, 23 (2): 22-25.

[86] 邹逸江. 空间数据立方体的空间度量聚集 [J]. 计算机应用研究, 2007, 24 (7): 13-15.

[87] 邹逸江. 空间数据立方体多维信息空间分析实例 [J]. 计算机应用研究, 2007, 2199-202.

[88] 邹逸江. 空间数据立方体分析操作原理 [J]. 武汉大学学报 (信息科学版), 2004, 29 (9): 822-826.

[89] 裴蕾, 陶树平. 在数据仓库中如何有效地实现数据立方体的计算 [J]. 2005, 8: 42-45.

[90] 徐焱, 孙扬. Oracle XSQL 技术 [M]. 北京: 清华大学出版社, 2004.

[91] 赵元艺, 王金生. 矿床地质环境模型与环境评价 [M]. 北京: 地质出版社, 2007.

[92] 路来君. 矿产资源评价与管理系统研制 [R]. 吉林省科技厅, 2005.

[93] 路来君, 陆林生, 魏远泰. 河北地勘局多元地学信息系统研制项目报告 [M]. 1999, 15-22.

[94] 刘成林, 杨海军, 顾乔元, 等. 塔里木盆地重要蒸发岩坳陷成盐及油气生储条件研究 [J]. 库尔勒: 塔里木油田公司, 2008.

[95] 李德仁. 论空间数据挖掘和知识发现 [J]. 武汉大学学报 (信息科学版), 2001, 26 (6): 491-499.

[96] 李德仁. 空间数据挖掘和知识发现理论与方法的研究 [J]. 武汉大学学报 (信息科学版), 2002, 27 (3): 221-233.

[97] 李德仁, 关泽群. 空间信息系统的集成与实现 [M]. 武汉: 武汉大学出版社, 2000.

[98] 王树良. 基于数据场与云模型的空间数据挖掘和知识发现 [M]. 武汉: 武汉大学, 2002.

[99] 陈细谦, 王占昌, 曹秀坤, 等. 一种有效的空间数据仓库区域聚集查询索引结构 [J]. 计算机研究与发展, 2006, 43 (1): 75-80.

[100] 于焕菊, 谢传节, 李云岭, 等. 中国华北地区地震空间数据仓库的构建与分析 [J]. 地球信息科学, 2006, 8 (3): 88-93.

[101] 邹逸江. 空间数据仓库的概念框架和认知过程 [J]. 计算机应用研究, 2007, 24 (5): 186-189.

[102] 陈细谦, 迟忠先, 昃宗亮, 等. 地理编码在空间数据仓库 ETL 中的应用 [J]. 小型微型计算机系统, 2005, 26 (4): 628-630.

[103] 王紫瑶, 南俊杰, 段紫辉, 等. SOA 核心技术及应用 [M]. 北京: 电子工业出版社, 2008, 107-122.

[104] 梁爱虎. 精通 SOA: 基于服务总线的 Struts+EJB+Web Services 整合应用开发 [M]. 北京: 电子工业出版社, 2007.

[105] 杨涛, 刘锦德. Web Services 技术综述一种面向服务的分布式计算模式 [J]. 计算机应用, 2004, 24 (8): 1-4.

[106] 任捷, 吴明晖, 应晶. Web Services 技术在异构系统集成中的应用研究 [J]. 计算机应用, 2004, 24 (1): 95-98.

[107] 袁占亭, 张秋余, 杨洁. 基于 Web Services 的企业应用集成解决方案研究 [J]. 计算机集成制造系统——CIMS, 2004, 10 (4): 394-398+414.

[108] 王海起，王劲峰. 空间数据挖掘技术研究进展 [J]. 地理与地理信息科学，2005，21（4）：6-10.

[109] 孙庆先，方涛，郭达志. 空间数据挖掘中的尺度转换研究 [J]. 计算机工程与应用，2005，16：17-19.

[110] 吴亮，谢忠. 基于 GML 的地质图空间数据库交换体系 [J]. 地球科学，2006，31（5）：650-652.

[111] 兰小机，张书亮，刘德儿，等. GML 空间数据库系统研究 [J]. 测绘科学，2005，30（5）：16-19.

[112] 汪民，严光生，叶天竺. 基于 SIG 的资源环境空间信息共享与应用服务设计 [R]. 中国地质调查局，2002，4-11.

[113] 汪民，严光生，叶天竺. 基于 SIG 的资源环境空间信息共享与应用服务示范报告 [R]. 中国地质调查局，2005，167-180.

[114] 汪民，严光生，叶天竺. 基于 SIG 的资源环境空间信息共享与应用服务研究报告 [R]. 中国地质调查局，2005，72-136.

[115] 叶天竺. 全国重要矿产资源潜力预测评价及综合项目总体设计 [R]. 中国地质调查局，2006，5-12.

[116] 叶天竺. 全国重要矿产资源潜力预测评价及综合项目 2007 年总结报告 [R]. 中国地质调查局，2007，8-22.

[117] 叶天竺. 全国重要矿产资源潜力预测评价及综合项目数据库维护设计 [R]. 中国地质调查局，2007，3-18.

[118] 叶天竺. 全国重要矿产资源潜力预测评价及综合项目 2008 年设计 [R]. 中国地质调查局，2008，2-14.

[119] 左群超. 全国重要矿产资源潜力预测评价及综合数据模型设计 [R]. 中国地质调查局，2008，4-10.

[120] 杨东来，左群超. 国家基础地质数据库整合与集成项目总体设计 [R]. 中国地质调查局，2008，3-8.

[121] 李超岭，吕霞. 国土资源信息集成与共享平台建设总体设计 [R]. 中国地质调查局发展研究中心，2006，4-22.

[122] 李超岭，吕霞. 国土资源信息集成与共享平台建设 2006 年度总结 [R]. 中国地质调查局发展研究中心，2007，10-15.

[123] 李超岭，吕霞. 国土资源信息集成与共享平台建设项目 2007 年度总结 [R].

中国地质调查局发展研究中心，2007，22-31.

[124] 李超岭，吕霞. 国土资源信息集成与共享平台建设项目2008年度设计 [R]. 中国地质调查局发展研究中心，2008，3-18.

[125] 郎宝平，姜作勤. 地质调查信息化技术支撑体系战略研究报告 [R]. 中国地质调查局发展研究中心，2007，9-15.

[126] 杨东来，姜作勤. 国家地质工作信息化发展战略研究报告 [R]. 中国地质调查局发展研究中心，2007，7-13.

[127] 马智民，李霞. 主要发达国家地质调查机构信息化跟踪研究报告. 英国地调局 [R]. 中国地质调查局发展研究中心，2007，2-15.

[128] 马智民，张伟. 主要发达国家地质调查机构信息化跟踪研究报告. 澳大利亚地学局 [R]. 中国地质调查局发展研究中心，2007，21-52.

[129] 王群，张伟，王影. 主要发达国家地质调查机构信息化跟踪研究报告. 加拿大地调局 [R]. 中国地质调查局发展研究中心，2007，9-16.

[130] 马智民，张贷琼. 主要发达国家地质调查机构信息化跟踪研究报告. 美国地调局 [R]. 中国地质调查局发展研究中心，2007，30-41.

[131] 李景朝，杨东来，姜作勤. 中国地质调查局地质数据资源现状与分析 [R]. 中国地质调查局发展研究中心，2007，2-12.

[132] 李超岭、陈辉. 地质调查工作主流程信息化研究报告 [R]. 中国地质调查局发展研究中心，2007，10-22.

[133] 国土资源部. 国土资源信息核心元数据标准 [S]. 2003，1-31.

[134] 谭永杰. 我国石油、煤炭、铁矿、钾盐矿产资源潜力数据库建设设计书 [R]. 中国地质调查局发展研究中心，2007，4-15.

[135] 车长波，景东升. 国家级油气资源数据库建设总体设计（初稿）[R]. 国土资源部油气中心，2007，1-30.

[136] 李颖，李伟东. 国家级油气资源数据库建设软件设计 [R]. 吉林大学，2007，2-15.

[137] 张道勇. 国家级油气资源数据库建设-盆地专题总体设计 [R]. 国土资源部油气中心，2007，1-9.

[138] 王永志. 国家级油气资源数据库建设面向对象总体设计 [R]. 吉林大学，2008，2-40.

[139] FOSTER I, KESSELMAN C, TUECKE S. The anatomy of the grid: enabling scalable virtual organization [J]. International Journal of High Performance Computing

Applications, 2001, 15 (3): 200-222.

[140] CRAIG W, RYAN B. Spring in Action [J]. Manning Publications, 2005, 10-33.

[141] JOHN B, HENNING B. Service Data Objects For Java Specification [EB/OL]. 2005, http: //www. bea. com/dev2dev/assets/sdo/SDO_ Specification_ Java_ V2. 01. pdf.

[142] MICHAEL B, HENNING B. SCA Service Component Architecture Client and Implementation Model Specification for Java [EB/OL]. 2005, http: //dev2dev. bea. com/2005/11/SCA_ ClientAndImplementationModelforJava_ V09. pdf.

[143] GONZALES ML. Spatial OLAP: conquering geography [J]. DB2 Magazine, 1999, 4 (1): 16-20.

[144] HAN J. Towards on-line analytical mining in large databases [C]. ACM SigmodRecord, 1998.

[145] ZHOU X, TRUFFER D, HAN J. Efficient polygon amalgamation methods for spatial OLAP and spatial data mining [J]. Lecture Notes in Computer Science, 1999, 1651: 167-187.

[146] ATKINSON PM, LEWIS P. Geostatistical classification for remote sensing: an introduction [J]. Computers & Geosciences, 2000, 26: 361-371.

[147] COSTA JP, PRONZATOL, THIERRY E. Nonlinear prediction by kriging with application to noise cancellation [J]. Signal Processing, 2000, 80: 553-566.

[148] WANG J, YANG J, MUNTZ R. An approach to active spatial data mining based on statistical information [J]. IEEE Transactions on Knowledge and Data Engineering, 2000, 12 (5): 715-728.

[149] WANG SL. A try for handling uncertainties in spatial data mining [J]. Lecture Notes in Artificial Intelligence, 2004, 3215: 513-520.

[150] WANG SL, YUAN HN. View-angle of spatial mining [J]. Lecture Notes in Artificial Intelligence, 2006, 4093: 1065-1076.

[151] TUNG A. Spatial clustering in the presence of obstacles [J]. IEEE Transactions on Knowledge and Data Engineering, 2001, 359-369.

[152] HANJW, STEFANOVICN, KOPERSKIK. Selective Materialization: An efficient method for spatial data cube construction [C]. PAKDD'98, 1998: 144-158.

[153] LILIAN H, SUSAN H, SHILPA L, et al. Oracle Database 10g Data Warehousing [M]. Oracle Corporation, 2005, Elsevier Digital Press.

[154] DAVIS D B. Oracle Fusion Architecture Eases the Adoption of Service-Oriented

Architecture [R]. Oracle Corporation, 2006: 3-15.

[155] PICKERSGILL C, WHITMORE R, BATHURST W, et al. Oracle SOA Suite Developer's Guide (10g) [R]. Oracle Corporation, 2006: 1-5.

[156] BROWN A W, JOHNSTON SK, Larsen G. Practice Tutorial of Using IBM Rational Software Platform to Develop SOA [R]. IBM Corporation, 2006: 5-28.

[157] DEANNA B, MARK K. Oracle BPEL process manager developer's guide [R]. Oracle Corporation, 2006: 29-33.

[158] WILLIAM HI. Building the Data Warehouse [M]. Indianapolis: Wiley Publishing, 2005, 29-33.

[159] PAUL L. Oracle Data Warehousing Guide 10g Release 2 [EB/OL]. Oracle Corporation, http: //download. oracle. com/docs/cd/B19306 _ 01/server. 102/b14223/toc. htm, 2005.

[160] MARLA A. Oracle Content Database Administrator's Guide [EB/OL]. Oracle Corporation, 2006, http: //download. oracle. com/docs/cd/B32119_ 01/doc/content-db. 1012/b31268. pdf.

[161] CHUCK M. Oracle Spatial User's Guide and Reference 10g Release 1 [EB/OL]. Oracle Corporation, http: //download. oracle. com/docs/html/B10826 _ 01/toc. htm, 2003.

[162] CHUCK M. Oracle Spatial GeoRaster [EB/OL]. Oracle Corporation, 2005, http: //download. oracle. com/docs/pdf/B14254_ 01. pdf.

[163] KEN C, ORLANDO C. Oracle SOA Suite Developer's Guide [EB/OL]. Oracle Corporation, 2006, http: //download. oracle. com/docs/cd/B31017 _ 01/core. 1013/b28764. pdf.

[164] CHUCK M. Oracle Application Server MapViewer User's Guide [EB/OL]. OracleCorporation, 2005, http: //download-west. oracle. com/docs/cd/B14099_ 19/web. 1012/b14036/toc. htm.

[165] CHUCK M. Oracle Spatial GeoRaster Developer's Guide 11g Release 1 (11. 1) [EB/OL]. Oracle Corporation, 2007, 58-122.

[166] SHASHAANKA A, GEETA A, ERIC B. Oracle Database Object ~ Relational Developer's Guide 11g Release 1 (11. 1) [EB/OL]. Oracle Corporation, 2007, 32-65.

[167] CHUCK Murray. Oracle Spatial Developer's Guide 11g Release 1 (11. 1) [EB/

OL]. 2007.

［168］ JOHN P, DAN C, DOUGLAS T. Common Warehouse Metamodel Developer's Guide ［M］. Indianapolis：Wiley Publishing, 2003, 431-554.

［169］ HANJ, JENNY Y, CHIANG S C. DBMiner：A System for Data Mining in Relational Databases and Data ［EB/OL］. http：//db. cs. sfu. ca/, 2007

［170］ BRIAN R, BRYAN M, DOUG D, et al. Web Services Resource Transfer (WS ~ RT) ［R］. 2006, 44-80.

［171］ DEMED L, KHANDERAO K. What's New in Oracle SOA Suite ［EB/OL］. OracleCorporation, 2007, http：//www. oracle. com/technology/products/ias/bpel/techpreview/s291362 ~ whats ~ new ~ in ~ oracle ~ soa ~ suite. pdf.

［172］ DEANNA B, MARK K. Oracle BPEL Process Manager Developer's Guide 10g (10. 1. 3. 1. 0) ［EB/OL］. Oracle Corporation, 2006, 22-29.

［173］ MARK K. Oracle BPEL Process Manager Quick Start Guide 10g (10. 1. 3. 1. 0) ［EB/OL］. Oracle Corporation, 2006, 43-55.

［174］ Oracle. Business Activity Monitoring Datasheet ［EB/OL］. Oracle Corporation, 2006, 1-10.

［175］ HARPAL K. Business Activity Monitoring White Paper ［EB/OL］. Oracle Corporation, 2005, 3-8.

［176］ MATTHEW AX. Service Data Objects For Java Specification ［EB/OL］. Oracle Corporation, 2006, 22-32.

［177］ Oracle. Oracle Web Services Manager ［EB/OL］. Oracle Corporation, 2005, 10-18.

［178］ RICK C. An Introduction to Oracle Web Services Manager ［EB/OL］. Oracle Corporation, 2005, 24-60.

［179］ MARTIN, CHRIS, ALAN, et al. Patterns：Implementing an SOA Using an Enterprise Service Bus ［EB/OL］. IBM Corporation, 2004, 88-104.

［180］ COX S, CUTHBERT A, DAISEY P, et al. Opengis Ⓡ geography markup language (gml) implementation specification, version ［J］. 2002.

［181］ CZAJKOWSKIK, FITZGERALDS, FOSTERI, et al. Grid information services for dsitributed resource sharing ［C］. In：Proc of the 10th IEEE Int'l Symp on High ~ Performance Distributed Computing (HPDC ~ 10) . San Francisco：IEEE Press, 2001, 1001-1011.

［182］ PRASAD B, MARK B, ERIC B. Oracle Database Storage Administrator's Guide

11g Release 1 (11. 1) [EB/OL]. Oracle Corporation, 2008, 101-112.

[183] MARK B, RICHARD S. Oracle Real Application Clusters Administration and Deployment Guide 11g Release 1 (11. 1) [EB/OL]. Oracle Corporation, 2007, 77-89.

[184] TED H, CEDRIC D, GEORGE F, et al. Struts in Action [M]. Manning, 2003, 86-112.

[185] LANCE A, JANIS G, JACK M. Oracle XML Developer's Kit Programmer's Guide 11g Release 1 [M]. Oracle Corporation, 2007, 25-42.

[186] CODD E. Twelve rules for on ~ line analytic processing [J]. Computer World, 2005, 10-12.

[187] INMON WH. Building the Data Warehouse (Fourth Edition) [M]. Wiley, 2007, 80-123.

[188] PAPADIAS D. Efficient OLAP Operation in Spatial Data Warehouses [R]. HongKong: Technical Report HKUST ~ CS01 ~ 01, 2001, 65-69.

[189] WANGB Y, PAN F. Efficient OLAP Operations for Spatial Data Using Peano Trees [C]. San Die go: DMKD'03, 2003, 126-130.

[190] ESTER M. Spatial data mining: databases primitives, algorithms and efficient DBMS support [J]. Data Ming and Knowledge Discovery, 2000 (4): 193-216.

[191] KAUFMAN L, ROUSSEEW PJ. Finding Groups in Data: an Introduction to Cluster Analysis [M]. New York: John Wiley&Sons, 1990, 58-77.

[192] KOPERSKI K, ADHIKARY J, HAN J. Spatial data mining: process and challenges survey paper [C]. SIGMOD'96 Workshop on Research Issues on Data Mining and Knowledge Discovery (DMKD'96). Canada, 1996.

[193] MILLER HJ, HAN J. Geographic Data Mining and Knowledge Discovery [M]. London: Taylor & Francis, 2001.

[194] DAVE C, ERIC P, DARREN J. Ajax in Action [M]. Manning Publications, 2006, 10-23.